KB179007

베게너가 들려주는 대륙 이동 이야기

베게너가 들려주는 대륙 이동 이야기

ⓒ 좌용주, 2010

초　판　1쇄 발행일 | 2005년 7월 29일
개정판　1쇄 발행일 | 2010년 9월 1일
개정판 16쇄 발행일 | 2021년 5월 31일

지은이 | 좌용주
펴낸이 | 정은영
펴낸곳 | (주)자음과모음

출판등록 | 2001년 11월 28일 제2001-000259호
주　　소 | 04047 서울시 마포구 양화로6길 49
전　　화 | 편집부 (02)324-2347, 경영지원부 (02)325-6047
팩　　스 | 편집부 (02)324-2348, 경영지원부 (02)2648-1311
e-mail　 | jamoteen@jamobook.com

ISBN 978-89-544-2034-1 (44400)

베게너가
들려주는

대륙 이동
이야기

| 좌용주 지음 |

다른
대륙에 같은
동식물이?

|주|자음과모음

지구의 발자취를 찾고 싶은
청소년들을 위한 '대륙 이동' 이야기

베게너가 대륙 이동의 이론을 만들어 낸 지도 100년가량이 지났습니다. 베게너가 우연히 발견했다는 '대륙 이동 이론'은 처음에는 아무도 인정해 주지 않았지만 지구의 모습을 설명하는 최초의 통일된 이론이 되었습니다. 우연히 발견한 아이디어 하나가 우리의 지구를 좀 더 자세하게 들여다보는 확대경이 된 것입니다.

과학은 아주 작은 발견이나 관찰 하나조차 가벼이 여기지 않는 태도에서 발전해 왔습니다. 대륙 이동설도 아주 가벼운 농담에서 출발했다고 합니다. 1620년 베이컨이 지도를 보고, 떨어져 있는 대륙의 해안선이 닮았다고 던진 농담이 300년

후 지구를 제대로 살피는 계기가 되었을 줄 그 누가 알았겠습니까?

전쟁터에서 부상을 당해 오랫동안 병상에 누워 있던 베게너는 이 농담을 위대한 과학 이론으로 탄생시켰습니다. 그리고 우리는 베게너의 이론을 바탕으로 지구를 보는 시야를 넓히게 되었습니다.

이 책은 베게너의 대륙 이동 이야기로부터 시작하여 그 증거들을 찾아가고, 또 맨틀이 대류하면서 해저가 확장된다는 이야기로 전개됩니다.

이 책을 읽는 청소년들이 작은 발견 하나라도 소중히 여기고, 앞선 과학자들의 생각을 배우며 우리의 지구가 겪은 많은 사건을 이해함으로써, 앞으로 새로운 지구 이론을 만들어 낼 과학자로 성장하기를 진심으로 바랍니다.

끝으로 이 책을 출간할 수 있도록 배려해 준 ㈜자음과모음의 강병철 사장님과 여러 가지 수고를 아끼지 않은 출판사의 모든 식구들에게 감사드립니다.

좌 용 주

차례

해안선이 닮았네요

3억 년 전의 세계 지도를 보면
대륙도 하나로 모여 있었고, 해양도 하나로 모여 있었답니다.

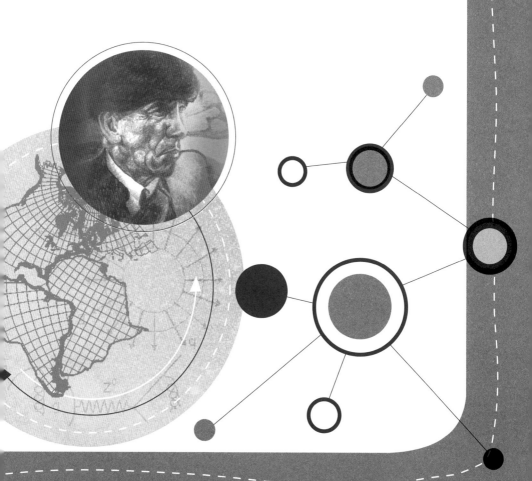

1

첫 번째 수업

해안선이 닮았네요

베게너가 지구본을 보며
첫 번째 수업을 시작했다.

과학의 발견은 아주 우연한 것에서 출발하기도 합니다. 지금부터 수업할 대륙 이동의 이야기도 알고 보면 아주 우연한 것에서 아이디어를 얻었지요.

베게너는 학생들 앞에 둥근 지구본을 꺼내 놓았다.

여기 지구본에 그려진 대륙의 이름들을 말해 봅시다.
__ 아시아 대륙, 유럽 대륙, 북아메리카 대륙, 남아메리카 대륙, 오세아니아 대륙, 아프리카 대륙, 남극 대륙이 있어요.

맞아요. 지구에 있는 큰 대륙은 모두 7개입니다. 그러면 이 가운데 조금이라도 닮은 대륙을 찾아볼까요?

학생들은 닮은 대륙을 찾으려고 애썼지만 7개 대륙 가운데 닮은 대륙이 하나도 없었다.

대륙들은 모두 제각기 모습이 다르죠. 그럼 이번에는 대륙들 중에서 해안선의 모습이 닮은 것을 찾도록 해 보죠.

대륙의 주변에는 큰 바다들이 있죠. 각 대륙과 바다가 만나는 해안선의 모습을 꼼꼼히 살펴보면 비슷한 곳도 있고, 전혀 다른 곳도 있을 겁니다. 예를 들어, 대서양의 남쪽을 자세히 보세요.

＿ 아프리카 대륙의 서쪽과 남아메리카 대륙의 동쪽 해안

선이 매우 닮았어요.

　잘 찾았어요. 아프리카의 서쪽과 남아메리카의 동쪽은 해안선이 서로 닮았죠. 또 북아메리카의 동쪽과 아프리카의 북서쪽도 해안선이 닮았어요. 그리고 오세아니아 대륙의 남쪽

과 남극 대륙의 동쪽 해안선이 서로 닮았어요. 지구본을 살짝 들어 보면 잘 보이죠.

지금부터 대륙들의 해안선이 얼마나 닮았는지 실제로 알아보기로 해요. 나누어 준 세계 지도에서 각 대륙의 형태를 오려 보세요. 그리고 맞추어 봅시다.

베게너는 학생들에게 익숙한 세계 지도를 1장씩 나누어 주었다. 학생들은 대륙의 형태를 오려 이리저리 맞추어 본다. 마치 퍼즐 맞추기를 하는 것 같았다.

해안선이 닮기는 했지만 꼭 들어맞는 부분도 있고 그렇지 않은 부분도 있죠? 사실 지금의 해안선 모양으로 보면 닮은 부분도 있고 닮지 않은 부분도 있을 테지만, 옛날 아주 오랜

옛날에는 닮은 해안선을 지금보다는 훨씬 많이 찾을 수 있었어요. 그러니까 수천만 년 이전으로 돌아가면 말이죠. 오랜 세월 동안 해안선의 지형이 조금씩 변했기 때문에 지금의 모습에서는 꼭 들어맞지 않는 부분도 있답니다.

대륙의 해안선이 닮았다는 이야기는 17세기부터 있었어요. 조금씩 정확한 세계 지도가 그려지면서 사람들은 자신들이 사는 세상의 모습에 감동했겠지요. 어떤 사람들은 매일같이 세계 지도를 뚫어져라 쳐다보았을 겁니다. 그러다 이상한 점을 발견했을 테죠. 멀리 떨어져 있는 어떤 대륙들의 해안선이 서로 닮았다는 것을요.

나도 해안선이 닮았다는 이야기를 우스갯소리 정도로 여기다가 차츰 관심을 가지게 되었답니다. 나는 제1차 세계 대전 당시 전쟁터에 나가 용감히 싸우다 총상을 입어서 한동안 병

원에 누워 있어야 했어요. 그때 병원에서 곰곰이 생각한 것이
대륙 이동의 이야기를 만든 계기가 되었답니다.

대륙들의 해안선이 닮았다는 말은 '대륙들이 옛날에는 하
나로 뭉쳐 있었다'는 것을 뜻합니다. 앞에서 살펴보았듯이 아
프리카의 서쪽 해안선과 남아메리카의 동쪽 해안선이 닮았
고, 북아메리카의 동쪽 해안선과 아프리카의 북서쪽 해안선
이 닮았습니다. 이것은 이 대륙들이 예전에 붙어 있었다는
사실을 의미합니다. 지금은 대서양이란 큰 바다를 사이에 두
고 떨어져 있지만요.

남극 대륙과 오세아니아 대륙도 마찬가지예요. 이 두 대륙
도 예전에 붙어 있었던 거예요.

이처럼 오랜 옛날 모두 붙어 있었던 대륙들이 서서히 떨어

져 지금처럼 된 것이죠. 대륙이 모여 있었을 때의 세계 지도를 그리면 지금 우리가 보고 있는 세계 지도와는 완전히 다른 그림이 그려집니다.

베게너는 또 다른 세계 지도 1장을 펼쳤다. 이번 지도는 학생들이 알고 있는 세계 지도와 사뭇 달랐다. 모든 대륙이 한군데로 모여 있고, 그 주변을 커다란 바다가 둘러싸고 있다.

이 지도를 보면 대륙들이 한데 모여 있습니다. 이 거대한 초대륙을 과학자들은 판게아라고 부르고 있어요. 판게아의 '판'은 '모든'이라는 뜻이고, '게아'는 '땅'이라는 뜻이에요. 즉 모든 땅, 다시 말해 '모든 대륙이 모였다'는 의미인데, 어마어마하게 큰 대륙이라는 뜻이겠죠.

판게아의 모습을 보면 적도 부근이 약간 잘록하게 들어갔죠? 과학자들은 이 잘록한 부분의 북쪽 땅을 로라시아(Laurasia), 남쪽 땅을 곤드와나(Gondwana)라고 부르기도 해요.

하여간 지금의 대륙들은 이 판게아라는 초대륙에서 떨어져 나와 현재 위치에 자리 잡게 된 것입니다. 아주 오랜 시간이 걸려서 말이지요.

판게아가 모든 대륙을 불러 모아 하나의 초대륙이 된 때는 지금부터 약 3억 년 전의 일입니다. 이때는 대륙도 하나였고, 모든 대륙을 둘러싸는 바다도 하나였죠. 이렇게 엄청나게 큰 바다를 판달라사(Panthalassa)라고 부르는데, 어찌 보면 태평양의 선조라고 할 수 있어요. 북쪽의 로라시아와 남쪽의 곤드와나 사이에도 작은 바다가 하나 있는데, 이 바다는 테티스 해라고 하며 나중에 지중해가 됩니다.

판게아가 조금씩 갈라지기 시작한 때는 약 2억 년 전의 일이랍니다. 그리고 시간이 지나면서 떨어져 나가는 대륙들의 모습이 눈에 띄게 뚜렷해지죠.

베게너는 판게아에서 떨어져 나가는 대륙들의 모습을 그렸다. 대륙들은 서로 조금씩 멀어졌고, 결국 현재와 같은 세계 지도의 모습에 가까워졌다.

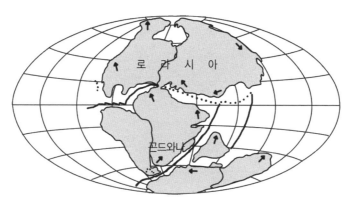

1억 8000만 년 전(트라이아스기)

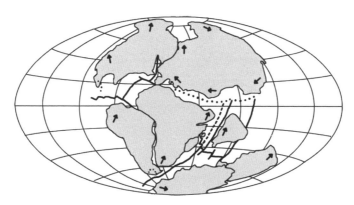

1억 3500만 년 전(쥐라기)

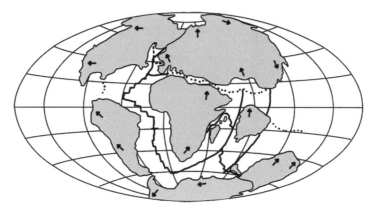

6500만 년 전(백악기)

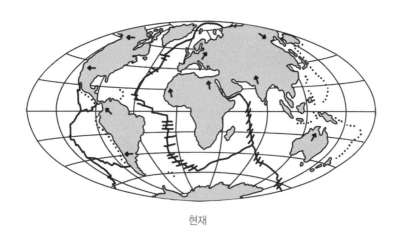

현재

　처음에 이야기했듯이 과학에서 발견은 아주 우연한 일에서
시작되죠. 대륙이 한데 모였다가 떨어진 사실은 알고 보면
세계 지도에서 발견했다고 할 수 있어요.

'왜 두 대륙의 해안선이 비슷한가?'라는 의문에서 출발하여 대륙이 모였다가 떨어졌다는 생각을 해낸 것이니까, 하나의 조그만 관찰이 커다란 과학 발전을 이루었다고 할 수 있겠죠. 여기서의 과학 발전이란 바로 대륙 이동설이라는 이론을 만들어 낸 것이랍니다.

네?
어떤 퍼즐이요?

퍼즐 놀이군요. 마침 잘 됐네요. 이 퍼즐을 한 번 해 볼래요?

자, 여기 세계 지도의 대륙들을 오린 그림이 있어요. 이 대륙들을 퍼즐처럼 맞춰 보세요.

어? 신기하게도 아프리카의 서쪽 해안선과 남아메리카의 동쪽 해안선이 비슷해요.

북아메리카와 아프리카도 닮은 해안선이 있어요.

그렇죠? 이는 이 대륙들이 예전에 붙어 있었다는 것을 의미합니다. 지금은 대서양이란 큰 바다를 사이에 두고 떨어져 있지만요.

이처럼 오랜 옛날 모두 함께 모여 붙어 있었던 대륙들이 서서히 떨어져 지금처럼 되었는데, 대륙이 모여 있었을 때의 세계 지도를 그리면 이렇게 된답니다.

이 지도를 보면 대륙들이 한데 모여 있습니다. 이 거대한 대륙을 과학자들은 판게아라고 부르고 있어요. 판게아의 '판'은 '모든'이라는 뜻이고, '게아'는 '땅'이라는 뜻이에요. 즉 모든 땅이라는 의미죠.

모든 땅, 무척 어울리는 말이에요.

판게아의 적도 부근이 약간 잘록하게 들어갔는데 과학자들은 이를 기준으로 북쪽 땅을 로라시아, 남쪽 땅을 곤드와나 대륙이라고 부르기도 해요. 지금의 대륙들은 이 판게아에서 떨어져 나와 오랜 시간이 걸려 지금의 위치에 자리 잡았답니다.

2

메소사우루스

대륙이 이동했다는 증거들을 찾아낸 과학자들이 있습니다.
자연사 박물관으로 떠나 볼까요?

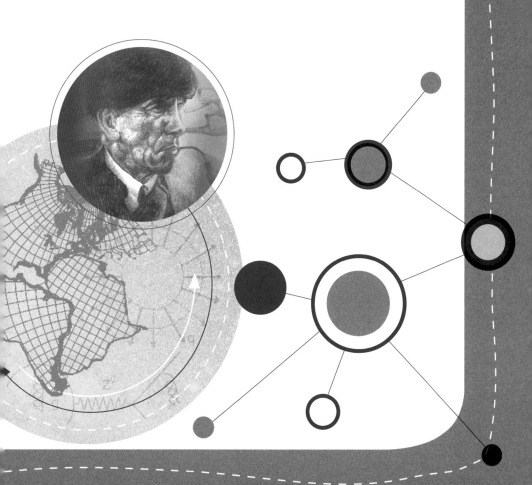

2

두 번째 수업

메소사우루스

베게너는 생물을 이용하여
대륙의 이동을 증명해 보이겠다며
두 번째 수업을 시작했다.

지난 시간에 여러 대륙의 해안선이 닮은 이유가 서로 붙어 있던 땅들이 갈라졌기 때문이라고 배웠죠. 그것은 대륙 이동에 대한 지형의 증거입니다.

그런데 대륙이 서로 붙어 있다가 떨어졌다는 증거는 지형에서만 찾을 수 있는 것은 아닙니다. 여러 증거 가운데 오늘은 생물의 증거를 이야기할까 합니다.

학생들은 대륙의 이동과 생물의 관계를 이해할 수 없다는 듯 고개를 갸우뚱거렸다.

대륙이 모여 있던 시절, 땅 위에는 여러 종류의 동물이 살고 있었을 겁니다. 지금도 그렇지만 어떤 동물들은 사는 장소가 정해져 있지요. 아프리카에는 사자들이 살고, 아시아에는 호랑이가 사는 것처럼 말이죠. 대륙이 모인 커다란 판게아의 여기저기에도 여러 동물들이 살고 있었죠. 하지만 그 동물들은 설마 땅이 떨어져 나가리라고는 생각을 못했겠지요.

베게너는 커다란 판게아의 그림 위에 그려진 동물과 식물의 분포를 보여 주었다.

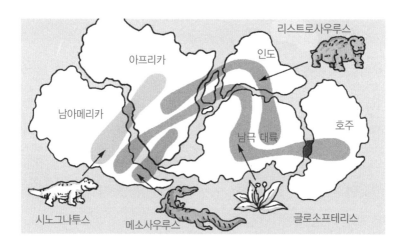

이 그림에는 판게아 시절 땅 위에 살던 몇몇 생물들과 그들이 살던 지역이 표시되어 있습니다. 그런데 대륙들이 갈라지

기 시작하면서 같은 종류의 생물들이 헤어지게 되었죠. 어떤 녀석은 아프리카 대륙에 실려 이동하고, 어떤 녀석은 남아메리카 대륙에 실려 이동한 것입니다.

같이 살던 생물들이 헤어진 이유를 옛날 과학자들은 전혀 상상할 수 없었지요. 하지만 나는 그 이유가 대륙 이동 때문일 거라고 생각했습니다.

그러면 생물들이 같이 살다가 떨어졌다는 증거를 어디에서 찾을 수 있을까요? 이 생물들은 최소한 2억 년 내지 3억 년 전에 살았거든요.

아주 먼 옛날에 살던 생물들이 지금까지 남아 있으면 모르겠지만, 다 죽어 버렸는데 어디서 그들을 찾을 수 있을지 학생들은 궁금했다.

우리가 찾을 수 있는 생물은 당시에 살던 것이 아니라, 그 생물의 흔적입니다. 흔히 화석이라고 부르는 것이지요.

오래전 지구에 살던 생물들이 죽어 땅에 묻히면 화석이 됩니다. 죽은 생물들 위에 점토나 모래 같은 물질이 두껍게 쌓여 퇴적층을 형성하게 되죠. 그리고 이 퇴적층은 단단하게 굳어져 암석이 됩니다. 이 암석 속에 과거 생물들의 흔적이 고스란히 남게 되는 것이죠.

　여러분이 자연사 박물관에서 흔히 볼 수 있는 많은 화석들은 이렇게 해서 만들어진답니다.

　지금은 떨어져 있지만, 과거에는 붙어 있었을 것이라고 생각되는 대륙들에서는 같은 시기에 만들어진 같은 종류의 암석들이 분포하고 있어요. 그리고 그 암석들에서는 같은 종류의 화석들이 발견되고요.

　그중에 아주 독특한 화석들이 있습니다. 앞의 그림에서 보았듯이 판게아에 그려진 생물들의 모습은 바로 그 화석들로부터 밝혀낸 것들입니다.

　예를 하나 들어 보죠. 약 3억 년 전에 살았던 메소사우루스라는 파충류를 닮은 동물이 있습니다. 메소사우루스는 아프리카 대륙의 동쪽과 남아메리카 대륙의 서쪽에서 같은 시기의 암석에서 발견됩니다.

식물의 경우도 마찬가지예요. 글로소프테리스는 주로 남반구 대륙에서만 발견되는 식물입니다. 그런데 동물과는 달리 스스로 이동할 수 없는 식물이 서로 다른 대륙에서 같이 나타납니다.

이외에도 시노그나투스와 리스트로사우루스 같은 동물 화석들이 여러 대륙에서 함께 나타나지요.

이렇게 떨어져 있는 두 대륙에서 메소사우루스와 글로소프테리스의 화석이 같이 나타나고, 또 이 화석들을 포함한 암석의 나이와 종류가 같다는 것은 과거에 아프리카와 남아메

과학자의 비밀노트

대륙 이동의 증거 – 동물의 증거

메소사우루스는 '중간 정도 되는 크기의 도마뱀'이라는 뜻으로 수생 파충류이다. 네 발가락 사이사이에 물갈퀴가 있어 헤엄치기에 적당하다. 그러나 바다를 헤엄쳐 갈 수 있는 정도의 힘은 없어 주로 강가에서 살았던 것으로 보인다.

시노그나투스는 '개의 턱'이라는 뜻으로, 얼굴 모양이 개와 닮았기 때문에 붙여진 이름이다. 몸 길이는 1.5m 정도이며 네 다리로 걸었다.

리스트로사우루스는 약 1m의 몸 길이에 하마를 닮았으며 코의 위치가 높고 머리 위쪽에 튀어나온 두 눈 사이에 콧구멍이 있다. 주로 수생 식물을 뜯어먹으면서 살았을 것으로 추정된다.

리카가 붙어 있었다는 사실을 의미하지요.

먼 옛날에 대륙이 붙어 있었다는 것을 닮은 지형만으로 이야기하지는 않습니다. 붙어 있던 대륙이 갈라지기 전에 그곳에서 살았던 생물의 흔적들이 연속적으로 이어지는 것도 중요한 대륙 이동의 증거입니다.

화석과 같이 오래전에 살던 생물을 고생물이라 부릅니다. 따라서 화석에서 찾을 수 있는 대륙 이동의 증거를 고생물의 증거라고 합니다.

베게너는 무언가를 잠시 생각하더니 말을 이어 갔다.

또 한 가지는 같은 시기, 같은 종류의 암석들도 분리되기 이전의 대륙에서는 연속된다는 점입니다. 이것 역시 대륙이 이동했다는 중요한 증거이지요. 그리고 이것을 지질의 증거라고 합니다.

내가 대륙 이동설을 주장하던 시절 아프리카와 남아메리카의 닮은 암석들에 대한 보고서를 읽은 적이 있어요. 그것은 남아프리카 공화국의 위대한 지질학자 뒤 투아(Alexander Logie Du Toit, 1878~1948)라는 사람이 지은 것이에요.

뒤 투아는 아프리카 대륙과 남아메리카 대륙의 화석과 지질을 아주 자세하게 비교했어요. 그리고 두 대륙에서 많은 유사점을 발견했죠.

인상적인 것은 아프리카와 남아메리카의 양쪽 해안에서 발견되는 암석들이 각 대륙 내부의 암석들보다 훨씬 닮았다는 사실이었어요. 결국 이것은 아프리카 대륙과 남아메리카 대륙이 서로 붙어 있었다는 것을 지지해 주는 결정적인 증거가 되었지요.

과학자의 비밀노트

뒤 투아

일찍이 베게너의 대륙 이동설을 지지했던 남아프리카 공화국의 지질학자이다. 스코틀랜드의 국립 과학 대학에서 광산학을 전공하였다. 1927년 《남아메리카와 남아프리카의 지질학적 비교》를 출간해 과거 하나의 초대륙으로 대륙들이 붙어 있었을 때, 남쪽의 곤드와나와 북쪽의 로라시아의 존재를 주장하였다.

베게너가 하나의 초대륙 판게아를 주장한 반면, 뒤 투아는 2개의 큰 대륙을 가정한 것이다. 뒤 투아는 이 공로로 1933년 영국 지질학회에서 수여하는 머치슨 상(Murchison Medal)을 받았다. 1973년에는 그의 업적을 기려 화성에 존재하는 크레이터(71.8°S, 49.7°W)에 'Du Toit Crater'라는 이름이 붙여졌다.

베게너 선생님, 해안선이 닮았다고 해도 과거에 대륙이 붙어 있었다고 주장하기 어렵지 않나요? 다른 이유가 있을 수도 있잖아요.

호~오, 날카로운 지적이군요. 맞아요, 다른 증거가 있습니다.

다른 증거요?

약 3억 년 전에 살았던 메소사우루스라는 동물이 주로 아프리카 대륙 동쪽과 남아메리카 대륙 서쪽의 같은 시기의 암석에서 발견됩니다. 즉 같은 화석이 발견된 것이죠.

아프리카

남아메리카

식물의 경우도 있어요. 글로소프테리스는 주로 남반구 대륙에서만 발견되는 식물인데, 동물과 달리 스스로 이동할 수 없는 식물이 서로 다른 대륙에서 같이 나타나기도 하죠. 그 외에도 시노그나투스와 리스트로사우루스 같은 동물 화석도 여러 대륙에서 함께 나타나지요.

아프리카

인도

리스트로사우루스

남아메리카

남극 대륙

호주

시노그나투스

메소사우루스

글로소프테리스

이는 무엇을 뜻할까요?

아~, 알겠어요. 같은 시기에 같은 장소에 살았던 생물의 흔적이 다른 대륙에서 나타난다는 말은 과거에 이 두 대륙이 붙어 있었다는 사실을 의미하지요.

맞습니다. 붙어 있던 대륙이 갈라지기 전에 그곳에서 살았던 생물의 흔적들이 연속적으로 이어지는 것도 중요한 대륙 이동의 증거이죠. 이러한 것을 고생물의 증거라고 해요.

고생물의 증거

그리고 같은 시기 같은 종류의 암석들도 분리되기 이전의 대륙에서는 연속됩니다. 이것 역시 대륙 이동의 중요한 증거지요. 그리고 이것을 지질의 증거라고 한답니다.

우아, 여러 가지 증거가 있군요.

지질의 증거

3

대서양에 거대한
육교가 있었을까요?

멀리 떨어진 두 대륙에서 같은 종류의 생물 화석이 발견되었습니다.
생물들은 어떤 방법으로 대륙 간에 이동을 했을까요?

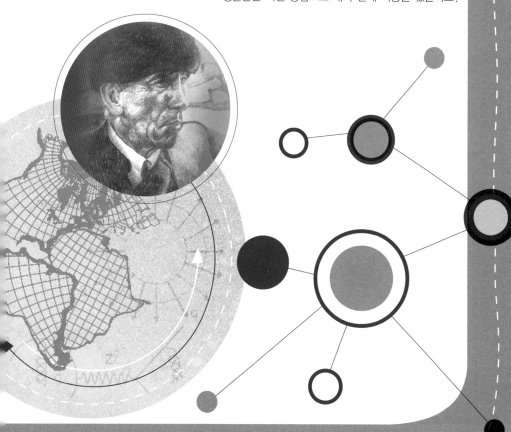

3

베게너가
여러 장의 그림을 들고 와서
세 번째 수업을 시작했다.

아프리카와 남아메리카에서 같은 종류의 화석이 발견되었을 때 많은 사람들은 의아하게 생각했지요. 그냥 붙어 있던 대륙이 떨어졌나 보다 하고 생각하면 될 것을 왜 이상하게 생각했을까요?

당시 사람들은 대륙이 이동했다는 사실을 차마 믿으려고 하지 않았어요. 그래서 아프리카와 남아메리카에서 같은 종류의 동물이 살았다는 사실이 이상했던 거죠.

사람들은 두 대륙에서 같은 생물이 나타나는 이유를 여러 가지로 추측해 보았습니다.

자, 여기 내가 가져온 몇 장의 그림이 있어요. 우스꽝스러운 그림이지만 당시 사람들의 생각이 간단히 표현되어 있지요. 먼저 이 그림을 보세요. 한 마리의 동물이 나무에 대롱대롱 매달려 바다를 건너고 있어요.

이처럼 당시 사람들은 아프리카에 살던 동물이 커다란 대서양을 표류하며 남아메리카로 건너가 살게 된 것이라고 생각했죠. 그래서 양쪽 대륙에 모두 같은 종류의 동물이 나타난다고 생각한 것이에요. 이러한 생각을 표류설이라고 해요. 생각할수록 이 추측이 얼마나 터무니없는지를 알 수 있죠.

다음 그림을 보세요. 이 그림은 첫 번째 그림의 경우를 조금 수정한 것입니다. 동물이 한 번에 수천 km나 되는 큰 바다를 건너는 것이 아무래도 어렵다고 생각하여 중간중간에 여러 개의 섬을 두었어요. 그리고 그 섬들을 차례로 지나가

면서 마침내 이웃하는 대륙으로 건너갈 수 있었다는 생각이
지요.

재미있는 생각이지만, 대서양에는 중간중간 조금씩 건널
수 있는 섬이 없습니다. 대서양에 있는 섬을 잘 알지 못했기
때문에 나온 생각이지요. 이러한 생각을 징검다리설이라고
해요. 대서양에 섬들이 죽 늘어서 있고, 그 섬들을 차례로 건
넌다는 것은 아주 수영을 잘하는 동물이면 모를까 당시의 동
물들에게는 불가능한 일이었습니다.

다음 그림을 보세요. 한 마리 동물이 두 대륙 사이의 바다
에 걸쳐 있는 아주 긴 육교를 건너고 있어요. 이 육교를 왔다
갔다 하면서 같은 종류의 동물들이 두 대륙에 같이 살았다는
생각이죠. 이 생각은 당시만 해도 가장 그럴듯하게 여겨졌어
요. 이 생각을 육교설이라 부른답니다.

아프리카와 남아메리카는 서로 육지의 다리로 연결되어 있어 동물들의 이동이 자유로웠다는 생각이에요. 남대서양에 무려 길이 6,000km가 넘는 육교가 있었는데, 어느 날 갑자기 그 육교가 바다 아래로 가라앉았다는 설명이지요. 어때요, 이 생각은? 그럴듯하지만 바다에 길이 6,000km의 육교가 존재할 수 있을까요?

처음에는 이 생각을 비판하기가 쉽지 않았어요. 하지만 아주 간단한 과학적 상식만으로도 이 생각이 잘못되었다는 것을 알 수 있었죠.

베게너는 칠판에 지구의 내부 그림을 간단히 그렸다.

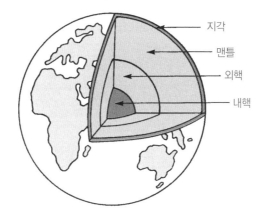

지각

맨틀

외핵

내핵

　자, 여러분도 잘 아는 지구의 내부입니다. 지구의 표면에서 안쪽으로 갈수록 어떤 층들이 있죠?

　__ 지각, 맨틀, 핵이오.

　맞아요. 지표 가까이에 얇은 지각이 있고, 그 아래에 두꺼운 맨틀이 있죠. 그리고 가장 중심부에 핵이 있는데, 이 핵은 바깥의 외핵과 안쪽의 내핵으로 나뉘죠.

　여기서 분명히 알아야 할 사항은 지각과 맨틀의 성질이 크게 다르다는 것입니다. 다시 말하자면 지각은 가벼운 물질로 되어 있고, 맨틀은 무거운 물질로 되어 있습니다. 즉, 지각과 맨틀의 관계는 바다 위에 떠 있는 빙산이 지각이고, 바닷물이 맨틀이라고 표현할 수 있습니다.

　__ 빙산과 바다의 관계요? 아, 텔레비전에서 여러 가지 모

양의 빙산이 남극과 북극의 바다에 둥둥 떠다니는 모습을 본 적이 있어요.

그래요. 빙산은 쉽게 바닷속으로 가라앉지 않습니다. 왜냐하면 가볍기 때문이죠. 다만 빙산이 크면 클수록 물 아래 잠기는 부분은 증가합니다.

지각도 마찬가지예요. 지각은 맨틀 위에 떠 있습니다. 가볍기 때문이죠. 그래서 지각이 아무런 이유 없이 맨틀 아래로 가라앉는 일은 일어날 수가 없는 거예요.

따라서 아프리카와 남아메리카 사이에 육교가 있었고, 그것이 가라앉았다는 설명이 문제인 것입니다. 아프리카 아래도 남아메리카 아래도, 그리고 그 사이에 있었다고 생각하는 육교 아래도 맨틀입니다. 대륙과 육교 아래가 무거운 맨틀이

기 때문에 그 어떤 가벼운 지각도 저절로 가라앉을 수 없는 노릇이지요. 과학자들은 이 현상을 아이소스타시(isostasy) 또는 지각 평형설이라고 부른답니다.

말이 좀 어렵죠. 아이소스타시나 지각 평형설은 단순하지만 분명한 2가지 진리를 설명하고 있습니다. 하나는 가벼운 지각은 무거운 맨틀 위에 떠 있다는 것입니다. 다른 하나는 지각의 두께가 두꺼울수록 지표 위에 솟구치는 높이와 맨틀에 잠기는 깊이가 증가한다는 것입니다. 마치 빙산이 크면 클수록 물 위에 드러난 높이가 높고 물 아래 잠기는 깊이가 깊어지는 것처럼 말이에요.

다시 설명하자면 지각이 두꺼울수록 높고 그 뿌리도 깊다는 것이지요. 히말라야와 안데스 같은 산맥은 매우 높으므로 그만큼 맨틀에 잠겨 있는 부분도 깊을 테지요. 높은 만큼 깊

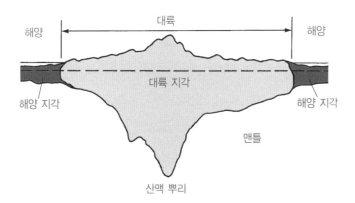

어야 균형이 잘 잡히니까요. 그래서 지각 평형설이라고 부르
는 것이에요.

지각은 아래위로 균형을 잡고 있고, 또 간단히 가라앉을 수
는 없습니다. 따라서 육교설은 양쪽 대륙에 같은 종류의 생
물 화석이 나타난다는 점에서 분명 매력적인 설명이었지만,
아이소스타시의 관점에서 보면 전혀 맞지 않는 설명이었습
니다.

또 하나 재미있는 것은 이 육교설에서 신비한 이야기들이
나왔다는 거예요. 대서양에 육교가 있었고, 그 육교를 이루
던 땅에는 신비한 고대 문명이 있었다고 생각한 것이죠. 그리
고 육교가 가라앉으면서 그 문명도 함께 가라앉았다고 생각
했어요. 상상이 또 다른 상상을 낳은 것입니다. 하지만 아이
소스타시를 생각하면 무엇이 잘못되었는지를 알 수 있죠.

앞의 그림은 대륙 이동설을 나타낸 그림입니다. 두 대륙에서 같은 생물들이 살았지만, 대륙이 서서히 떨어져 나간 것을 표현했어요. 같은 생물들이 헤어지게 된 것이지요.

나는 이러한 대륙 이동설만이 멀리 떨어져 있는 두 대륙에서 같은 생물들이 나타나는 이유를 설명할 수 있는 이론이라고 생각했습니다. 즉, 대륙은 이동했고, 같이 살던 생물들이 서로 헤어지게 된 것이랍니다.

지난 수업 시간에 설명했듯이 떨어져 있는 두 대륙에서 살았던 생물들의 분포가 대륙을 붙였을 때 연속적으로 나타나는 현상도 이를 뒷받침하는 좋은 증거가 됩니다.

만화로 본문 읽기

선생님, 고생물의 증거에서 굳이 대륙이 붙지 않더라도, 그 사이에 저 육교처럼 아주 긴 다리가 있었다면 가능하지 않았을까요?

옛날에도 철수 군과 같은 생각을 한 사람들이 있었죠. 그리고 그 생각을 육교설이라고 불렀어요.

하지만 아주 간단한 과학적 상식만으로도 이 생각이 잘못되었다는 것을 알 수 있어요. 지구의 내부는 지각, 맨틀, 핵으로 이루어져 있어요. 지표 가까이에 얇은 지각이 있고, 그 아래에 두꺼운 맨틀이 있죠.

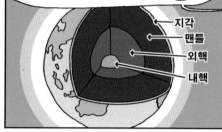

- 지각
- 맨틀
- 외핵
- 내핵

그런데 여기서 분명히 알아야 할 것은 지각은 가벼운 물질로 되어 있고, 맨틀은 무거운 물질로 되어 있다는 것이죠. 마치 바다 위에 떠 있는 빙산이 지각이고, 바닷물은 맨틀이라고 생각하면 돼요.

빙산은 가볍기 때문에 바닷속으로 가라앉지 않죠? 지각도 마찬가지로 맨틀 위에 떠 있습니다. 그래서 지각이 아무런 이유 없이 그냥 맨틀 아래로 가라앉는 일은 일어날 수가 없는 것이에요.

그러니 아프리카와 남아메리카 사이에 육교가 있었다고 해도 저절로 가라앉을 수 없는 노릇이지요. 과학자들은 이 현상을 '아이소스타시' 또는 '지각 평형설'이라고 부른답니다.

아, 그렇군요.

대륙

해양   해양

밀도가 낮은 암석

밀도가 높은 암석

육교를 보고 그런 생각을 해내다니, 철수 군도 참 대단해요!

하하하, 뭘요~!

4

적도에 빙하가 있었나요?

적도 부근에 나타난 빙하 흔적을 통해
대륙 이동과 기후의 관계를 알아봅시다.

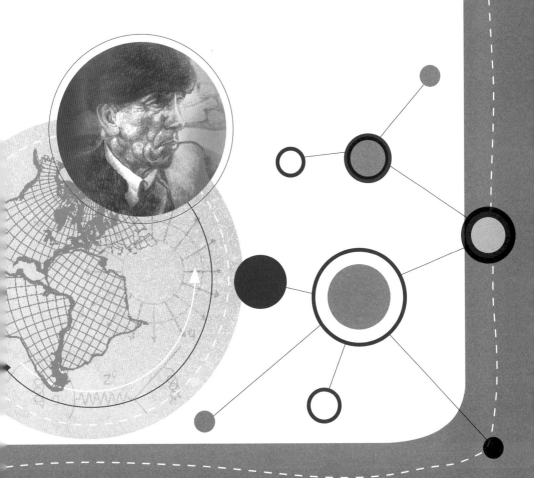

4

네 번째 수업

적도에
빙하가 있었나요?

베게너는
적도에 빙하의 흔적이 있다며
네 번째 수업을 시작했다.

많은 사람들은 나를 지질학자라고 하지만, 나는 원래 기상학자입니다. 물론 지질학에도 흥미가 많았죠. 그래서 대륙 이동에 대한 연구를 하면서도 원래 전공이었던 기상학과 기후학의 공부도 계속했어요.

그렇다면 대륙 이동과 기후가 관계가 있을까요?

사실 대륙과 기후는 아주 밀접한 관계가 있습니다. 좀 더 구체적으로 말하자면 대륙이 어떻게 분포하는지가 기후에 많은 영향을 주죠. 즉, 대륙의 분포에 따라 해양의 분포가 달라지므로 해양과 기후는 아주 밀접한 관계이죠.

그럼 우선 대륙 이동과 기후의 관계를 살펴보죠.

베게너는 지도 1장을 펼쳤다. 거기에는 흰색 부분이 있었으며, 흰색 부분 안에는 여러 방향의 화살표가 그려져 있었다.

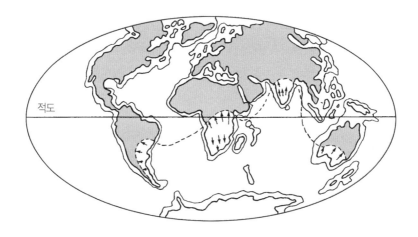

위의 지도는 현재 지구의 지도입니다. 그리고 흰색 부분의 지역들은 현재는 빙하를 볼 수 없지만 빙하의 흔적이 나타나는 지역이에요. 화살표는 빙하가 이동한 방향을 나타냅니다.

빙하의 흔적을 이야기하면서 빙하가 없다니 학생들은 도무지 알 수가 없었다.

어떤 암석들은 과거 지구 기후의 흔적을 고스란히 간직하고 있어요. 예를 들어 볼까요? 석탄은 높은 습도의 기후를 나타내고, 사막의 모래로 이루어진 사암은 아주 건조했던 기후를 말해 줍니다. 또 있어요. 소금과 석고는 기후가 온난했고 증발이 많았던 것을 이야기해 줘요.

마찬가지로 빙하의 흔적은 지구의 아주 추웠던 기후를 나타냅니다. 그러면 빙하의 흔적은 어디에서 찾을 수 있을까요? 이것 역시 암석에서 발견할 수 있어요. 빙하라는 얼음은 가만히 있는 것이 아니라 이동하기도 한답니다. 빙하가 이동하면서 조각난 돌들을 운반하고 두껍게 쌓기도 하죠. 이렇게 쌓인 것을 빙하 퇴적물이라고 해요. 단단히 굳어지면 빙하 퇴적암이 되고요.

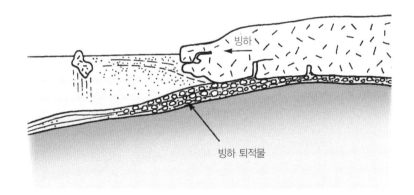

빙하

빙하 퇴적물

이러한 빙하 퇴적암은 19세기 중반에서 후반에 걸쳐 인도, 오스트레일리아, 아프리카, 남아메리카 등의 여러 지역에서 차례로 발견되었습니다. 그러니까 과거에 이 지역들에는 분명 빙하가 있었던 것이에요.

힉생들은 앞에서 본 세계 지도의 흰색 부분들이 베게너가 이야기한 지역들임을 금방 알 수 있었다.

빙하 퇴적암만으로 예전에 빙하가 있었다는 사실을 알 수 있는 것은 아니에요. 빙하는 흘러가면서 아래에 놓인 암석과 마찰을 일으켜 암석 표면에 날카로운 홈을 파 놓습니다. 마치 점토 표면을 손톱으로 그으면 홈이 패는 것처럼 말이에요. 빙하에 의한 마찰의 흔적을 빙하 흔적이라고 불러요. 이 날카로운 홈들은 빙하가 흘렀다는 증거임과 동시에 빙하가 어느 방향으로 흘렀는지를 알려 주는 매우 중요한 증거가 됩니다.

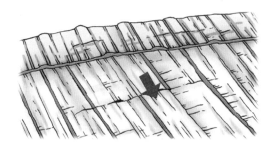

그제야 그림의 화살표가 무엇을 말하는지 학생들은 깨달을 수 있었다.

그런데 이상한 점은 현재 세계 지도에 나타난 빙하의 흔적이 상당 부분 적도 부근에 있다는 것입니다. 북극이나 남극에 가까운 곳이라면 몰라도 적도 부근에 빙하가 있다니 언뜻 이해되지 않죠.

또 하나 있어요. 화살표의 방향을 보면 대부분의 빙하가 바다에서 육지로 흘렀다는 것이 됩니다. 정말 이상하죠? 빙하는 육지에서 바다를 향해 흘러야 하는데 그 반대로 되어 있으니 말이에요. 수수께끼가 아닐 수 없습니다.

그런데 이 빙하 흔적은 최근의 빙하가 남긴 흔적이 아닙니다. 과거 3억 년 전에 지구에 빙하기가 있었는데, 그때 빙하가 남겨 놓은 흔적들입니다.

아무리 옛날에 있었던 빙하의 흔적이지만 적도 부근에 빙하가 있고, 빙하가 바다에서 육지로 흘렀다는 것이 학생들은 쉽게 이해되지 않았다.

여러분이나 나나 잘 이해가 되질 않습니다. 3억 년이나 먼 옛날에 지구에 빙하기가 와서 땅의 대부분이 빙하로 덮였다고 해도 적도 부근은 덥기 때문에 빙하가 쌓이질 않습니다. 더구나 빙하가 바다에서 육지로 이동할 리도 없고요. 그렇다면 앞의 그림에서 빙하 흔적은 무엇을 말하는 것일까요? 적도 부근에 3억 년 전 빙하의 흔적이 남아 있는 대륙들을 한번 훑어봅시다.

남아메리카, 아프리카, 인도, 오스트레일리아, 남극 대륙

현재의 세계 지도에 그려져 있는 빙하 흔적이 이해되지 않는다면, 이 흔적들을 가진 대륙들이 과연 3억 년 전에도 적도 부근에 있었는지를 살펴보아야 할 것입니다.

베게너는 그림 하나를 펼쳤다. 그림은 판게아의 모습이었는데 거기에도 흰색 부분이 있었다.

현재의 각 대륙에 남아 있는 약 3억 년 전의 빙하 흔적을 판게아로 되돌리니까 한군데로 모이죠. 바로 이겁니다. 3억 년 전 지구에 빙하기가 찾아왔고 그때 빙하는 주로 남쪽에 집중적으로 덮인 것입니다. 그리고 흔적을 남겨 놓았고요. 즉, 3억 년 전의 빙하 흔적은 대륙들이 판게아를 이루었을 때 지

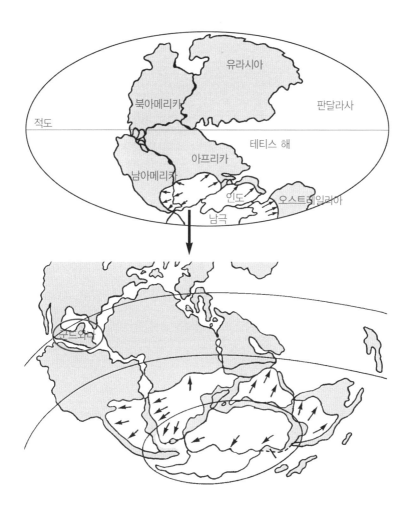

구에 있었던 빙하기의 흔적이에요.

또 빙하가 이동한 방향을 보세요. 남극을 중심으로 모두 바깥쪽으로 이동하고 있죠? 판게아의 남쪽 중심에서 바다 쪽을 향해 빙하가 이동한 거예요. 그러고 보면 빙하의 흔적이 모두 설명되죠.

정리해 보면, 3억 년 전에도 빙하기가 있었고, 그때 빙하는 판게아 남쪽 지역을 중심으로 발달했었다는 것이지요.

지도를 현재의 대륙 분포에 나타내면 빙하 흔적은 설명되지 않습니다. 그러나 3억 년 전 대륙들이 모여 있었던 판게아 위에 나타내면 아주 잘 설명됩니다. 그러니까 이 빙하 흔적은 대륙이 떨어짐에 따라 이동한 것이지요.

학생들은 빙하 흔적이 적도에 남겨진 것이 아니라, 빙하 흔적이 남겨진 대륙이 적도 부근으로 이동했다는 사실에 무척 놀랐다.

이것 또한 대륙 이동의 중요한 증거가 됩니다. 옛날의 빙하이기 때문에 지금의 기후가 아니라 옛 기후를 의미하죠. 옛 기후를 고기후라고 부르며, 이 증거는 고기후의 증거가 되는 거죠.

현재의 대륙 분포가 기후와 관계가 깊은 것처럼, 옛날에도 대륙과 기후는 밀접한 관계가 있었던 것입니다.

베게너는 더 이상 말이 없었다. 빙하 이야기는 베게너에게 슬픈 기

억이었다. 1930년 베게너는 대륙 이동의 또 다른 증거를 확보하기 위해 그린란드 탐사를 떠났고, 차가운 빙원에서 생을 마감했기 때문이다.

제가 낸 퀴즈를 맞힌 사람에게 아이스크림을 선물로 줄게요.

야호~! 좋아요, 빨리 해요.

하하하. 퀴즈 하면 난데, 과연 네가 내 상대가 될까?

문제는 현재 세계 지도에 나타난 빙하의 흔적이 상당 부분 적도 부근에 있다는 것입니다. 왜 이럴까요? 아, 이때의 빙하의 흔적은 과거 3억 년 전에 생겨난 흔적이랍니다.

3억 년 전이면 빙하기였잖아. 하지만 왜 더운 적도 지방에만….

힌트를 줄게요. 3억 년 전의 세계 지도와 지금의 세계 지도를 비교해 보세요.

그래요? 가만, 적도 부근 빙하의 흔적이 남겨져 있는 대륙들은 남아메리카, 아프리카, 인도, 오스트레일리아, 남극 대륙이고 3억 년 전의 지도를 보면….

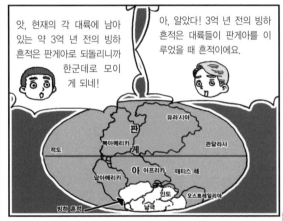

앗, 현재의 각 대륙에 남아 있는 약 3억 년 전의 빙하 흔적은 판게아로 되돌리니까 한군데로 모이게 되네!

아, 알았다! 3억 년 전의 빙하 흔적은 대륙들이 판게아를 이루었을 때 흔적이에요.

유라시아

판

게

북아메리카

판달라사

적도

아

아프리카

테티스 해

남아메리카

인도

오스트레일리아

빙하 흔적

남극

정답입니다. 3억 년 전 지구에 빙하기가 찾아왔고 그때 빙하는 주로 남쪽에 집중되었습니다. 그리고 흔적을 남겨 놓았지요. 이는 대륙 이동의 중요한 증거가 되는데, 이를 고기후의 증거라고 해요.

선생님, 그럼 아이스크림은?

하하하, 둘 다 맞힌 것으로 해서 아이스크림은 벌써 2개 주문했답니다.

야호~!

5

무엇이 대륙을
이동시키나요?

대륙을 이동시키는 힘은 무엇일까요?
딱딱한 고체인 맨틀이 과연 운동할 수 있을까요?

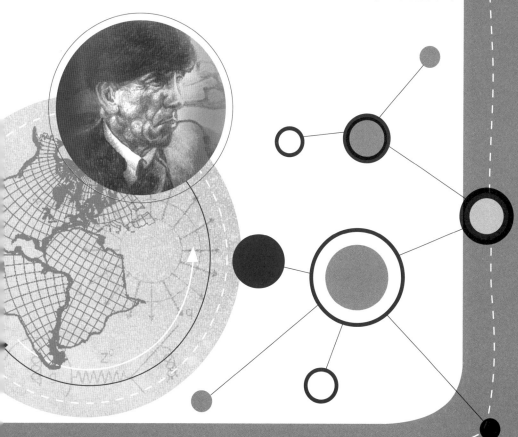

5

무엇이 대륙을
이동시키나요?

베게너는
자신이 펴낸 책을 소개하며
다섯 번째 수업을 시작했다.

 1915년, 내가 대륙 이동에 대한 책을 펴냈을 때 사람들의 반응은 가지각색이었어요. 재미있다는 의견도 있었지만 대부분은 말도 안 되는 이론이라고 반박했죠. 생각해 보면 매우 아픈 기억이랍니다.

 가장 결정적으로 대륙 이동설이 비판의 도마에 올랐던 것은 1926년의 한 심포지엄에서였습니다. 거기에 참가한 모든 학자들이 대륙 이동은 터무니없는 학설이고, 동화에서나 나올 법한 이야기라고 말했지요.

 비판의 가장 큰 이유는 무엇이 커다란 대륙을 이동시키느

냐는 것이었어요. 이것을 대륙 이동의 원동력 문제라고 합니다. 원동력이란 어떤 물체를 움직이게 하는 힘을 말하지요.

그래요, 물체가 움직이기 위해서는 힘이 필요하죠. 자동차나 비행기가 움직이기 위해서는 엔진이 필요한 것처럼 대륙이 움직이기 위해서도 힘이 필요하다는 것이죠. 하지만 당시나는 대륙 이동의 원동력을 제대로 설명할 수 없었어요.

베게너는 학생들에게 풍선을 나누어 주고 불게 했다. 그리고 아래위에서 힘을 주어서 눌러 보게 했다.

풍선을 아래위에서 약간 힘을 주어 누르니 풍선의 가운데쪽이 약간 더 볼록하게 되죠?

나는 처음에 대륙 이동의 힘을 가운데가 볼록해진 풍선 같은 모양에서 찾으려고 했답니다. 가운데가 볼록한 풍선을 지구에 비유한 것이에요. 지구는 극지방보다 적도 쪽이 약간 볼록합니다. 그리고 그 이유가 지구가 자전하면서 극 쪽에 있던 땅들이 적도 쪽으로 움직여 왔기 때문이라고 생각했죠.

남쪽과 북쪽의 극지방 가까이 있던 대륙들이 해저 위를 미끄러지듯 움직여 와서 모두 가운데 모이게 되었다고 생각한 거죠. 그러니까 지구가 자전함에 따라 극 쪽에서 적도 쪽으로 미는 힘이 생기고, 그것이 대륙을 이동시키는 힘이라고 생각한 것이에요.

이 생각에 많은 과학자들이 반대했답니다. 대륙이 해저 위에 그냥 얹혀 있을 리 없다는 것과 대륙이 해저 위를 미끄러지듯 움직이더라도 마찰이 심해 제대로 움직일 수 없다는 이유에서였습니다.

이런 지적들은 모두 맞습니다. 지금 돌이켜보면 대륙이 극

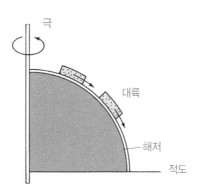

에서 적도를 향해 움직인다는 당시의 내 생각은 문제가 많습니다. 그러나 그때는 그렇게밖에 생각할 수 없었어요. 하지만 분명 잘못된 생각이었지요.

잠시 베게너의 얼굴에 어두운 기색이 역력했다. 하지만 곧 표정을 바꾸어 계속 말을 이어 갔다.

대륙을 이동시키는 힘은 당시 나에게는 아무리 생각해도 풀리지 않는 수수께끼였답니다. 그런데 영국의 한 지질학자가 굉장한 생각을 해냈어요. 그것은 대륙 아래에 있는 맨틀이 움직인다는 것이었어요. 대륙이 저절로 움직이는 것이 아니라 대륙을 이동시키는 힘이 따로 있다는 겁니다. 대륙 아래 맨틀 말입니다.

이 이야기를 이해하려면 간단한 물리 현상을 알아야 합니다. 19세기 말 프랑스의 물리학자 베크렐(Antoine Henri Becquerel, 1852~1908)이 방사능을 발견하게 되죠. 그리고 퀴리(Marie Curie, 1867~1934) 부인 역시 방사능 원소를 발견합니다.

방사능에 대한 원리를 이해하면서 새로운 사실들이 많이 밝혀지는데, 그중 하나는 어떤 원소가 방사능 원소가 붕괴를 하면 에너지가 방출되고, 그 에너지는 열로 바뀐다는 거예요.

학생들은 방사능 붕괴와 대륙 이동이 어떤 관계가 있는지 도무지 이해되지 않았다.

방사능 원소 붕괴가 어떻게 대륙 이동의 힘이 되는지 궁금하죠? 그건 이렇습니다. 지구 내부에는 방사능 붕괴를 하는 원소들이 여럿 포함되어 있습니다. 이 원소들이 오랜 기간 동안 방사능 붕괴를 했다면 지구 내부에는 상당히 많은 열이 모였을 겁니다. 즉, 이 열이 대륙 아래의 맨틀을 데웠다고 생각한 거예요. 뜨겁게 데워진 맨틀에서는 어떤 일이 일어날까요?

우선 한 가지 실험을 해 봅시다.

베게너는 알코올 램프 위에 물이 담긴 비커를 올리고 가열하기 시작했다.

차가워진
물 하강

뜨거운
물 상승

지금 비커의 물이 끓고 있습니다. 어떤 현상이 일어나는지 살펴볼까요? 지금 비커 아래쪽의 물은 가열되어 뜨거운 상태입니다. 공기도 마찬가지고 물도 마찬가지예요. 가열되면 팽창하고, 또 가벼워집니다. 보세요, 비커 아래쪽의 물이 위로 올라가죠. 가열된 물이 가볍기 때문에 올라가는 겁니다. 그럼 위쪽의 물은 어떨까요? 그래요, 위에서 식은 물은 다시 아래로 내려옵니다.

그런데 단순히 위로 올라가고 아래로 내려오는 것은 아닙니다. 데워진 물은 비커의 중앙에서 올라가고, 위에서 식은 물은 비커의 벽면을 타고 내려옵니다. 그리고 비커의 중앙에서 벽면 사이에는 수평으로 움직이는 흐름이 생깁니다.

올라가고 옆으로 움직이고 내려오고 다시 옆으로 움직이고 올라가는 순환 과정이 생기는 것이에요. 이런 순환 과정을 대류라고 하며, 하나의 순환을 대류 세포라고 부릅니다.

학생들은 비커 속의 물이 만드는 대류 세포를 흥미롭게 바라보았다.

자, 이제 맨틀의 이야기로 돌아가 봅시다.

대륙 아래의 맨틀 역시 이와 동일한 대류 세포를 가지고 있을 것이라고 생각한 사람이 홈스(Arthur Holmes, 1890~1965)라는 영국의 지질학자였어요. 홈스는 원래 방사능 원소를 이용하여 지구의 나이를 측정하던 사람이에요. 그래서 누구보다도 방사능의 원리에 대해 잘 이해하고 있었죠.

홈스는 지구 내부의 방사능 원소가 열을 발생시키고, 그 열이 맨틀을 가열시킬 것이라고 생각했습니다. 그리고 가열된 맨틀은 물리적인 법칙에 의해 대류를 하게 되어 뜨거운 맨틀이 상승하고, 옆으로 움직이며, 차가워진 맨틀이 하강하는 대류 세포를 생각해 낸 것입니다.

그런데 공기나 물이라면 몰라도 어떻게 맨틀이 대류할 수 있을까요? 당연한 의문입니다. 맨틀이 방사능 가열로 뜨거워진다고 해도 맨틀은 어디까지나 고체의 암석으로 되어 있습니다. 따라서 딱딱한 고체는 대류를 할 수 없다고 생각하는 것이 맞습니다.

그런데 우리는 대류 운동의 시간을 생각해 보아야 합니다. 가열된 맨틀은 비록 짧은 시간에는 고체로서의 성질을 가지지만 아주 오랜 시간으로 보면 서서히 운동할 수 있는 성질을 가지게 됩니다. 맨틀이 대류한다고 할 때 한 번 순환하는 데 1억 년 이상의 시간이 걸립니다. 이 정도의 시간이라면 맨틀은 충분히 대류할 수 있는 성질이 됩니다.

베게너는 홈스가 그린 맨틀 대류의 그림을 보여 주었다.

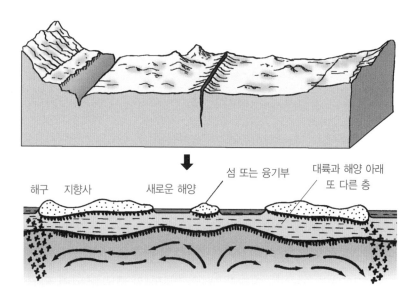

홈스의 그림에서 보면 커다란 대륙 아래로 가열된 맨틀이 상승합니다. 이 흐름에 의해 대륙이 옆으로 갈라지게 되는 것이죠. 맨틀이 수평으로 흐를 때 대륙은 좌우로 이동하게 되는데 이때 대륙들 사이로 새로운 바다가 만들어집니다. 옆으로 이동해 간 대륙은 어떤 지점에 이르러 더 이상 움직이지 못하고 마냥 두께가 두꺼워집니다. 홈스는 거기서 높은 산맥이 만들어진다고 생각했어요.

이동해 간 대륙의 끝자락 아래로 맨틀의 흐름은 하강합니다. 거기에 깊은 골짜기인 해구가 만들어진다고 홈스는 생각했어요. 옆의 그림에서도 알 수 있듯이 홈스는 맨틀이 전체적으로 대류하여 순환을 이룬다고 설명하고 있습니다.

홈스의 생각은 맨틀이 단순히 대류한다는 사실에서 끝나지 않음을 알 수 있죠. 맨틀 위에는 대륙이 있고, 대륙은 맨틀의 순환 과정에서 생기는 수평의 이동에 실려 움직일 수 있다는 이론을 만들어 낸 것입니다. 즉, 대륙이 이동하는 것입니다. 이런 홈스의 생각을 맨틀 대류설이라고 부른답니다.

나중에 홈스는 과학자들이 아프리카와 남아메리카 양쪽에서 발견되는 지형, 화석, 지질, 고기후 등의 증거를 설명하기 위해서는 대륙 이동설과 육교설 중에 하나를 선택해야 할 것이라고 재촉합니다. 그리고 대륙 이동설만이 이 모든 증거를 쉽게 설명할 수 있을 것이라고 주장합니다.

　사실 홈스의 맨틀 대류설은 완전하지는 않았지만 대륙 이동의 힘을 설명하기에 충분했습니다. 그러나 사람들은 이것마저도 쉽게 믿으려 하지 않았어요. 대륙이 이동한다는 사실은 당시 과학자들이 가지고 있던 신념과 반대되는 것이었으니까요.

　많은 과학자들은 지구가 탄생한 뒤로 항상 같은 모습이었다고 믿고 있었습니다. 대륙이 이동한다는 것을 인정하게 되면 과학자들은 자신들의 연구가 물거품이 된다고 생각했나 봅니다.

내가 처음 대륙 이동설을 주장했을 때는 대륙 이동의 원동력을 제대로 설명할 수 없었어요.

그렇다면 큰 문제였네요. 무엇이 커다란 대륙을 이동시켰는지 설명할 수 없으니까요.

그 원동력은 뭔가요?

그···· 그건.

그래요. 그런데 영국의 지질학자 홈스가 대륙 아래에 있는 맨틀이 움직여 그 흐름에 의해 대륙이 이동한다는 아이디어를 냈지요.

대륙 아래에 있는 맨틀이요?

맨틀이 움직여 대륙이 움직이는 거야!

지구 내부 원소들이 오랜 시간 방사능 붕괴를 하여 내부에 상당히 많은 열이 모였을 것이고, 이 열이 대륙 아래의 맨틀을 데웠다고 생각한 것이죠.

뜨겁게 데워진 맨틀에서는 어떤 일이 일어나나요?

맨틀

물이 끓으면 데워진 물은 위로 올라가고, 위의 찬물은 아래로 내려오지요. 이런 순환 과정을 '대류'라고 하고, 하나의 순환을 '대류 세포'라고 불러요.

끓는 물과 맨틀 사이에 어떤 연관이 있는데요?

차가워진 물 하강

뜨거워진 물 상승

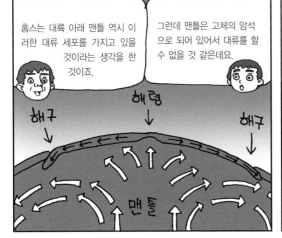

홈스는 대륙 아래 맨틀 역시 이러한 대류 세포를 가지고 있을 것이라는 생각을 한 것이죠.

그런데 맨틀은 고체의 암석으로 되어 있어서 대류를 할 수 없을 것 같은데요.

해구

해령

해구

맨틀

맨틀이 대류한다고 할 때, 한 번 순환하는 데 1억 년 이상이 걸리는데 이 정도의 시간이라면 맨틀은 충분히 대류할 수 있지요.

와, 신기해요.

산맥은 어떻게 만들어지나요?

20세기 초 지질학자들의 고민거리는 무엇이었을까요?
가장 관심을 끌었던 산맥의 형성에 대한 당시 과학자들의 이론을 알아봅시다.

6

산맥은
어떻게 만들어지나요?

베게네는 20세기 초 지질학자들이
고민했던 문제를 소개하며
여섯 번째 수업을 시작했다.

　20세기 초반 지질학 분야의 과학자들에게 대륙 이동설은
커다란 도전이었습니다. 대륙 이동을 지지하는 지형, 지질,
화석, 기후의 증거들이 있음에도 대부분의 과학자들이 대륙
이동설을 받아들이지 않았습니다. 그 이유 중 하나가 대륙
이동의 이론이 그들의 믿음과 달랐기 때문이라고 지난 시간
에 이야기했던 것 기억하죠?
　당시 지질학 분야에는 많은 고민거리가 있었습니다. 대서
양을 사이에 두고 아프리카와 남아메리카의 지형이 왜 비슷
한지, 왜 같은 화석이 나타나는지, 또 빙하의 흔적이 왜 적도

부근에 나타나는지에 대해 고민했어요. 이외에도 많은 문제가 있었는데 하나씩 적어 보도록 하죠.

베게너는 칠판에 문제들을 하나씩 적어 나갔다.

왜 지구의 표면이 대륙과 해양으로 나뉘는가?
대륙과 해양은 영원한가?
왜 산맥이 생기는가?
왜 산맥은 대륙의 주변부에 주로 분포하는가?

이 문제들 중에서 과학자들의 호기심을 가장 자극한 문제는 왜 산맥이 생기는가였습니다. 이 의문은 19세기 말부터 여러 과학자들이 검토하여 20세기 초에는 어느 정도 풀리는 듯했습니다.

먼저 오스트리아의 쥐스(Eduard Suess, 1831~1914)라는 학자는 '지구는 마치 말라 가는 사과와 같다'고 생각했습니다. 사과를 오래 두면 수분이 빠져나가 껍질이 쪼그라드는데, 지

구도 마찬가지라고 생각한 것이지요.

'지구가 쪼그라드는 사과 같다'는 생각은 알고 보면 지구가 식어 간다는 생각에서 나온 것이에요. 19세기 중반 세계적인 과학자였던 켈빈(Baron kelvin, 1824~1907)은 지구가 탄생한 이후부터 지금까지 서서히 식어 온 것이라고 주장했어요. 대부분의 학자들은 켈빈의 주장을 따랐던 것이죠.

쥐스 역시 지구가 탄생한 후부터 지금까지 식어 온 것이라면 그에 따라서 당연히 쪼그라들었을 것이라고 생각했지요.

과학자의 비밀노트

켈빈

켈빈 남작이라고 알려져 있지만 그의 본명은 윌리엄 톰슨(William Thomson)이다. 영국의 물리학자로 열역학을 확립했으며 전자기학 분야의 연구를 비롯하여, 전기저항 측정과 관련한 전자기의 여러 단위에 관한 협정을 완성하고 전위계 등을 제작하였다. 지구 물리학 부문의 항해술 등에도 기여하였다.

이를 냉각하는 지구의 수축이라고 부릅니다.

지구가 수축하니까 표면이 쭈글쭈글해지고, 주름이 많이 잡힌 장소에 산맥이 생긴다고 생각했어요. 또, 지구 표면이 쪼그라들면서 어떤 부분이 지구 안쪽으로 붕괴하면 거기에 바다가 생긴다고 생각했죠. 이렇게 대륙의 산맥과 해양이 만들어진다고 생각한 것이에요.

쥐스는 여기서 한 걸음 더 나아갔어요. 대륙과 해양이 같은 구조로 되어 있다고 생각한 것이죠. 현재 물 위로 드러난 곳이 대륙이지만, 물에 잠기면 해저가 되는 것이라고요. 하지만 오늘날 우리가 알고 있듯이 대륙과 해저는 전혀 다른 모습이고 또 다른 물질로 이루어져 있죠. 즉, 쥐스의 대륙과 해양에 대한 생각은 옳지 못한 것임을 알 수 있습니다.

지구가 수축하여 산맥이 생긴다고 믿었던 쥐스는 특히 알프스 산맥을 열심히 조사하여 산맥이 어떻게 생겨났는지를 더 자세하게 설명하려고 노력했죠. 알프스 산맥의 높은 장소에는 낮은 장소에서 쌓였다고 생각되는 퇴적물들이 분포하고 있었어요. 다시 말해 낮은 장소의 물질이 높이 솟구쳐 산맥이 된 것이죠. 이렇게 물질이 위치한 높이가 변한 이유가 지구 수축의 상하 운동 때문이라고 생각한 것입니다.

쥐스가 산맥을 만드는 아이디어를 내놓자 많은 과학자들은 지구의 어려운 문제가 풀린 듯 좋아했지요. 그런데 이 생각에 반대되는 증거들이 하나둘씩 나오기 시작했습니다. 수축하는 지구에 대한 생각은 알프스 산맥의 지질을 조사하면서 나왔다고 할 수 있어요.

그런데 나중에 여러 학자들이 알프스 산맥을 조사할수록 수축에 의한 수직 운동보다는 엄청나게 큰 수평 운동, 즉 옆으로 압축시키는 힘이 필요하다는 사실을 알게 되었어요. 그리고 이 압축은 지구가 그저 냉각하면서 일어나는 수축보다도 훨씬 커야 한다는 것이지요. 다시 말하면 산맥이 만들어지기 위해서는 지구가 식어 가면서 수축하는 것만으로는 불가능하다는 것입니다.

다음으로 산맥의 높이가 높은 만큼 뿌리도 깊다는 아이소스타시를 생각하게 되었습니다. 냉각에 의한 지구의 수축만으로는 수십 km나 지구 아래로 뻗어 있는 산맥의 뿌리를 설명할 수 없다는 것입니다.

마지막으로 방사능 원소의 발견입니다. 방사능 원소가 붕괴하면서 지구 내부에 열에너지를 발생시킵니다. 따라서 지구 내부에서 발생한 열은 지구를 냉각시키기는커녕 오히려데우는 일을 합니다. 지구가 냉각하고 수축한다는 기본적인생각에 문제가 생긴 것입니다.

이렇게 지구 냉각의 수축만으로 설명이 어렵게 되자 과학자들은 새로운 생각을 떠올리게 됩니다.

베게너는 3장의 그림을 연이어 보여 주었다.

과학자들은 먼저 지구가 수축하면서 표면에 움푹 팬 지형이만들어진다고 생각했죠. 이런 지형을 지향사라고 불렀어요. 그리고 이 지향사에 차츰 퇴적물들이 쌓이게 됩니다. 퇴적물이많이 쌓이면 위에서 내리누르는 힘이 강해지죠. 그렇게 되면아래쪽에서는 벌어지는 힘이 생기고, 위쪽에서는 오그라드는힘이 생겨요.

여러분도 이런 경험이 있을 겁니다. 젖은 모래사장 또는 개

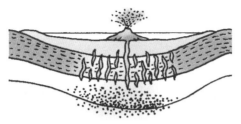

지향사의 단계

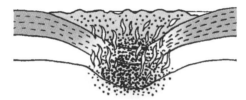

조산 운동의 초기

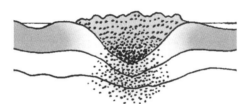

조산 운동의 후기

펄에서 주먹으로 모래나 개펄을 아래로 꾹 누르면 주먹은 아래로 빠져 가는데 손목 부근으로는 모래나 개펄이 조여 오지요. 내려가는 주먹은 아래로 벌어지는 작용 때문이고, 조여 오는 모래나 개펄은 위에서 오그라드는 작용 때문이죠.

결국 지향사에 쌓인 퇴적물의 두께가 두꺼워지면 지구 내

부에서는 벌어지는 힘이 생기지만 지표에서는 오그라드는 힘이 작용합니다. 이 오그라드는 힘이 지표를 쪼그라들게 만들면서 산맥을 만든다고 생각하는 것입니다. 또 하나, 위에서 아래로 내리누르는 힘이 강하면 강할수록 지하의 물질이 연소하여 화산 활동도 일어난다고 생각했습니다.

이런 식으로 산맥을 만드는 것을 지향사 조산 운동이라고 합니다. 조산 운동이란 산맥을 만드는 운동을 뜻합니다. 그리고 이 운동은 어디까지나 상하 방향의 수직 운동이 첫 번째 원인이고, 그다음에 좌우 방향의 수평 운동이 생겨난다는 것이에요.

지향사라는 지구 표면의 구조 자체가 크게 잘못된 것은 아닙니다. 지금도 지구상에 지향사와 같은 아주 길고 움푹 팬 지형이 만들어질 수 있으니까요. 그러나 지향사에 퇴적물이 쌓이고 그 힘만으로 엄청난 높이의 산맥을 만드는 것은 가능하지 않습니다. 또한, 지향사 조산 운동으로는 왜 산맥이 주로 대륙 주변부에 있는지에 대한 설명을 할 수도 없습니다.

과학자들은 당혹스러웠죠. 많은 것을 설명할 수 있다고 믿었던 지구 수축이나 지향사 조산 운동과 같은 이론이 갑자기 무너지기 시작했기 때문입니다. 따라서 새로운 이론이 필요했습니다. 하지만 이 시기에 나온 대륙 이동설은 받아들여지지 않았습니다. 대륙 이동이 답을 줄 수도 있었는데 말이죠.

우리는 여기서 다시 한번 홈스의 생각을 들어볼 필요가 있습니다.

방사능 가열은 맨틀의 상승과 하강이라는 거대한 세포를 만듭니다. 대륙 아래에서 상승하여 퍼져 나가는 대류 세포는 대륙을 분리시키고, 대륙의 조각들은 양쪽으로 이동하죠. 그 사이에 새로운 해저가 만들어집니다. 대륙은 이동을 계속하지만 맨틀 흐름의 하강이 생기는 장소에 다다르면 멈추게 됩니다.

이렇게 가벼운 대륙 물질들은 무거운 맨틀 아래로 가라앉을 수 없기 때문에 그것들은 주변부에 쌓여 산맥을 형성하게 됩니다. 또는 대륙 주변부의 지표에 지향사라는 움푹 팬 지형이 생기고 거기에 퇴적물이 쌓입니다. 이 지향사의 퇴적물

은 계속 옆에서 밀어붙이는 힘에 의해 솟구쳐 올라 산맥이 될
수 있습니다.

　이런 홈스의 생각은 오랜 2가지 문제, 즉 왜 산맥들이 생기
고, 왜 산맥들이 주로 대륙의 주변부에 나타나는가에 대한
문제를 한 번에 풀 수 있었습니다.

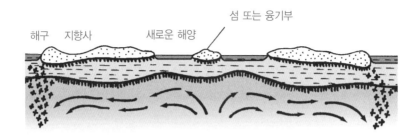

　홈스가 맨틀 대류설로부터 주장한 내용은 당시 지질학의
고민거리를 해결할 수 있었지만, 고집스러운 과학자들의 마
음을 바꾸기에는 부족했습니다. 대륙 이동설을 반대하던 사
람들이 억지로 더 많은 증거를 요구한 것입니다.

어? 선생님 지금 흙장난 하고 계신 건가요?

바보, 저건 철권 연습하는 거잖아!

하하하, 아니에요. 이건 지금 산맥이 만들어지는 과정을 실험하고 있는 것이랍니다.

사…산맥이요? 이것으로 정말 그런 것까지 알 수가 있나요?

물론이죠. 자, 보세요.

꾸욱

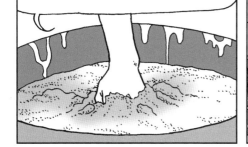

여기 젖은 모래에 주먹을 꾹 누르면, 손목 부근으로는 모래나 개펄이 조여 오지요. 내려가는 주먹은 아래로 벌어지는 작용 때문이고, 조여 오는 모래나 개펄은 위에서 오그라드는 작용 때문이죠.

과학자들은 먼저 지구가 수축하면서 표면에 움푹 팬 지형이 만들어진다고 생각했죠. 이런 지형을 지향사라고 부르지요. 지향사에 퇴적물들이 계속 쌓여 위에서 내리누르는 힘이 강해지면 아래쪽에서는 벌어지는 힘이 생기고, 위쪽에서는 오그라드는 힘이 생기는 것이죠.

결국 지향사에 쌓인 퇴적물의 두께가 두꺼워지면 지구 내부에서는 벌어지는 힘이 생기지만, 지표에서는 오그라드는 힘이 작용합니다. 이 오그라드는 힘 때문에 산맥이 생겨나고, 내리누르는 힘이 강할수록 지하의 물질이 연소하여 화산 활동도 일어난다고 생각한 것이고요.

그래서 산맥과 화산 활동이 생기는 거였군요?

해수면 퇴적물

대륙지각

맨틀

퇴적 분지

습곡 산맥

이런 식으로 산맥을 만드는 운동을 조산 운동이라는 말을 붙여 지향사 조산 운동이라고 해요.

이런 실험으로 그런 것까지 알 수 있다니, 신기하네요.

해저가 갈라져요

바다에 대륙 이동의 증거가 있다고요?
해저의 지형을 탐사하게 된 재미있는 이야기를 들어봅시다.

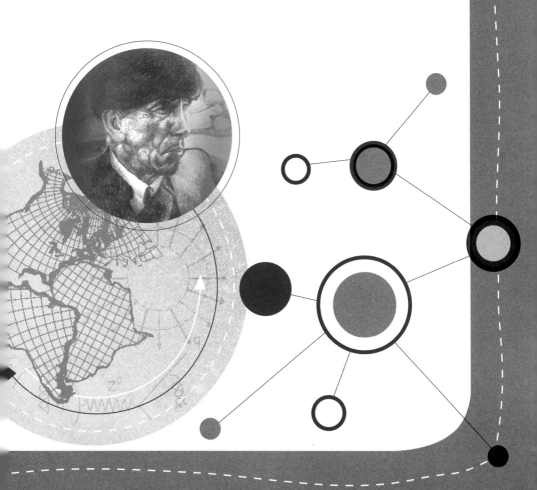

7

일곱 번째 수업

해저가 갈라져요

베게너는
대륙 이동의 또 다른 증거를 대겠다며
일곱 번째 수업을 시작했다.

홈스의 맨틀 대류설에도 불구하고 대륙 이동은 거짓된 이론으로 비판받았습니다. 결국 1930년 이후 대륙 이동설은 과학의 영역에서 추방됩니다.

호기심 많던 학생들이 의문을 품게 되었습니다. 왜 과학자들이 대륙 이동이라는 이론을 그토록 거부했는지 궁금했죠. 그리고 대륙 이동을 비판한 이유가 분명하지도 않았습니다. 무언가 설명이 필요했죠.

대륙 이동이 수십 년간 잊혔다가 다시 세상의 주목을 끌게 된 것은 아주 우연한 발견에서부터입니다. 대륙 이동의 증거가 바다 밑바닥에서 오게 되지요.

__ 바다에 대륙 이동의 증거가 있다고요?

바다의 밑바닥, 즉 해저를 자세히 알게 된 것은 그리 오래지 않아요. 예전에는 깊은 바닷속 해저가 그저 어둡고 황량한 들판과 같을 것이라고 생각했어요. 그런데 여러 가지 장비로 해저를 살펴보니까 전혀 다른 모습이었어요.

아래 그림을 보세요. 해저에는 들판과 같이 편평한 곳도 있지만, 높이 솟은 산과 산맥도 있고 또 골짜기도 있죠. 그러니까 해저가 그저 편평하기만 한 땅이 아니라는 것이지요.

베게너는 해저의 모습을 그린 그림을 펼쳤다.

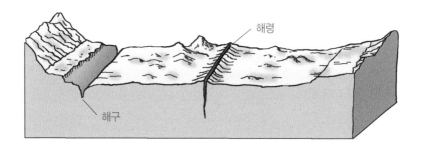

해저에 이처럼 여러 형태의 지형이 생기는 이유가 무엇일까 과학자들은 곰곰이 생각했습니다. 그저 깊고 깊은 곳으로

만 생각했던 바다의 밑바닥이 울퉁불퉁한 이유가 궁금한 것이었죠. 특히 바다의 한가운데를 가로지르며 쭉 뻗어 있는 해저 산맥이 신기했고, 바다와 대륙이 만나는 곳의 아주 깊은 골짜기도 이상하기만 했어요. 해저 산맥의 솟은 정상부를 해령이라고 하고, 아주 깊은 골짜기를 해구라고 부릅니다. 당시 과학자들은 바다의 한가운데 해령가 바다의 끝자락에 해구가 쌍으로 나타나는 것을 도무지 이해할 수 없었답니다.

해령과 해구는 전 세계 바닷속 지형에서 공통적으로 나타납니다. 해령의 경우 대서양에서는 한가운데에, 태평양에서는 동쪽에 치우쳐 기다란 해저 산맥을 이루고 있어요.

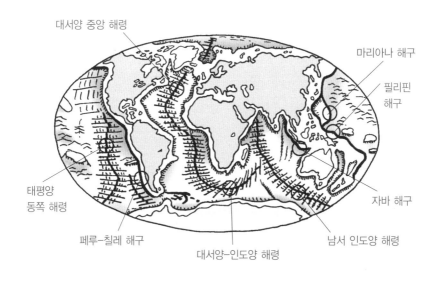

대서양 중앙 해령

마리아나 해구

필리핀 해구

태평양 동쪽 해령

자바 해구

페루–칠레 해구

남서 인도양 해령

대서양–인도양 해령

베게너는 예전에 보여 줬던 홈스의 맨틀 대류의 그림을 찾아보라고
했다.

과학자들은 예전에 홈스가 주장했던 맨틀 대류의 모습을
다시 떠올리기 시작했죠. 지각 아래 맨틀에서 뜨거운 부분이
상승하고 차가운 부분이 하강한다는 대류의 순환 말이죠. 바
다의 한가운데 불쑥 솟은 산맥이 있고, 바다의 가장자리에
깊은 골짜기가 있게 된 원인을 맨틀 대류의 순환과 연결시킨
것이에요.

다시 말하자면 맨틀이 솟아오르는 장소에 해령처럼 솟아오
른 지형이 생기고, 맨틀이 가라앉는 장소에 해구처럼 깊은
골짜기가 생긴다고 추측하기 시작했어요. 해저의 지형도 맨
틀이 대류하기 때문에 영향을 받는 것이라고요. 만약 이것이
옳다면 맨틀 대류설을 받아들여야만 하죠. 그렇게 된다면 잊
혔던 대륙 이동설도 받아들여야 하고요.

이런 관찰의 결과는 대륙 이동설과 맨틀 대류설이 정당한
과학의 이론으로 다시 등장하게 되는 기회를 제공했습니다.

베게너는 여러 장의 그림을 그렸다.

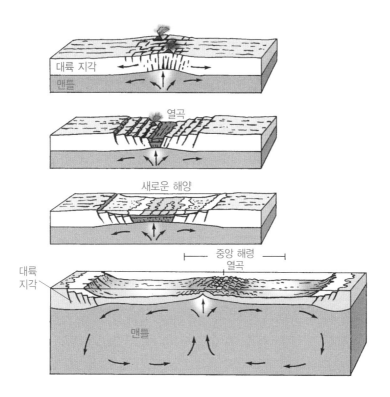

이 그림들은 맨틀의 대류로 해저의 지형이 어떻게 만들어지는지를 좀 더 현대적으로 설명하고 있습니다. 자, 보세요. 가운데 뜨거운 맨틀이 솟아오르고 있습니다. 상승하는 맨틀은 위에 놓인 지각을 들어 올리고 갈라지게 만들죠. 나중에 그 장소에는 높은 해령이 만들어집니다.

상승한 맨틀은 옆으로 퍼져 나가죠. 왼쪽도 오른쪽도 같은 모습으로 맨틀이 퍼져 나갑니다. 그런데 옆으로 움직이는 맨틀은 시간이 갈수록 차갑고 무거워집니다. 그러다가 맨틀이 드디어 대륙을 만나면 더 이상 옆으로 갈 수 없게 되죠. 그때 차갑고 무거워진 맨틀은 아래로 기어 내려갑니다. 그리고 그 곳에 깊은 골짜기 해구가 만들어지는 것이죠.

어때요? 맨틀은 해령에서 올라와서 옆으로 이동하다가 해구에서 다시 내려가죠. 또, 맨틀의 깊은 곳에서 옆으로 움직이던 맨틀은 해령 바로 아랫부분에 와서는 다시 솟아오르게 됩니다. 전체가 하나의 순환을 이루게 되죠. 이 현상은 홈스가 이미 이야기했던 맨틀 대류의 모습입니다.

그런데 이 대류의 순환은 맨틀만으로 움직일까요? 그렇지 않습니다. 우선은 맨틀 위에 놓인 대륙 지각이 맨틀과 함께 움직입니다. 대륙 지각은 옆으로 이동하는 맨틀을 타고 이동하지요. 또, 나중에 만들어진 해저의 지각도 이동하게 됩니다. 말하자면 해저가 갈라지는 것이죠.

＿바다의 밑바닥이 갈라진다고요?

그래요. 바다의 밑바닥이 갈라지는 것입니다. 해저 지각의 중심부가 계속 갈라지면 빈 공간이 생기겠죠. 그러면 계속 올라오는 맨틀 물질의 일부가 그곳을 채우게 되는 것이죠.

다시 말하자면 해령은 그저 솟아오르기만 하는 것이 아니라 맨틀 물질이 분출되는 곳이기도 해요. 이 물질을 마그마라고 하고, 이 마그마로부터 만들어지는 해저의 암석이 현무암이 에요. 해저의 지각은 대부분 현무암으로 이루어져 있답니다. 맨틀로부터 온 물질 말이에요.

맨틀이 대류하면서 해저가 갈라지는 현상을 과학적으로 처음 설명한 사람은 미국의 지질학자 헤스(Harry Hess, 1906~1969)와 디츠(Robert Dietz, 1914~1995)입니다. 두 사람은 따로 연구했는데 발표한 내용이 같았어요. 우연의 일치라고 해야겠죠.

헤스와 디츠에 의해서 발표된 해저 지각이 갈라지고 이동하는 이론을 해저 확장설이라고 합니다. 해저 확장설이야말로 대륙 이동설이 부활하게 되는 신호탄인 셈입니다.

그런데 이 해저 확장설은 갑자기 나타난 것이 아닙니다. 앞

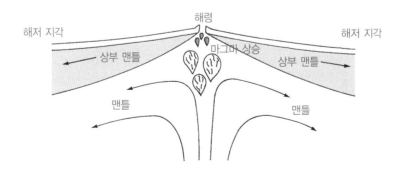

에서 이야기했지만 해저가 확장한다는 사실은 해저의 지형을 자세히 알게 됨으로써 새로운 이론으로 탄생하게 된 것이지요. 여기에는 재미있는 이야기가 있습니다.

재미있는 이야기란 해저의 지형을 조사하게 된 까닭입니다. 1940년대 초반은 온 세상이 제2차 세계 대전으로 서로 싸우고 있을 때였지요. 많은 과학자들이 자기 나라를 위해 군대에서 봉사했습니다. 지질학자들도 예외는 아니었고요.

아군이건 적군이건 바다에서의 싸움에 필요한 것이 있었습니다. 제2차 세계 대전의 바다에서의 싸움을 보면, 물속에는

과학자의 비밀노트

해저 확장설의 증거

1. 해령으로부터 멀어짐에 따라 해저 지각의 나이가 점점 많다. 이는 해령에서 새로운 해양 지각이 생성되어 양쪽으로 이동해 간다는 증거가 된다.
2. 해령 부근에는 퇴적암이 거의 없고, 해령에서 멀어질수록 퇴적암의 두께가 두꺼워진다.
3. 지구 자기 역전의 줄무늬가 해령을 축으로 대칭으로 나타나는 것이 해저 확장설의 증거가 될 수 있다. 즉, 해령에서 맨틀 물질이 상승하여 새로운 해양 지각을 형성할 때, 당시의 지구 자기장의 방향을 띠면서 이동하여 해구에 이르러 침강하는 것으로 설명할 수 있다.
4. 해령에는 장력에 의한 많은 변환 단층(중앙 해저 산맥을 가로지르는 단층)이 있다.

잠수함이 있고 물위에는 잠수함을 잡으려는 구축함이 있었지요. 잠수함 입장에서 보면 물속에서 숨을 장소가 필요했습니다. 구축함 입장에서 보면 물속의 잠수함 위치를 찾아야 했고요.

베게너는 수면에 배를 그리고, 배에서 발생시키는 파동이 바닷속에 전파되는 모습의 그림을 그렸다.

그래서 여러 가지 장비를 사용해 바닷속 지형과 물체를 살피는 연구를 하게 된 것입니다. 그때까지만 해도 바닷속에 대해서는 아무것도 모르는 상태였지요. 바닷속을 들여다보는 과학적 연구의 결과로부터 해저의 지형과 깊이가 자세하게 밝혀진 것입니다. 우리가 그림에서 본 해저의 지형도 이렇게 해서 만들어진 것이고요.

해저의 지형이 알려지자 과학자들은 해저가 어떻게 이런 지형을 가지게 되었는지를 고민하기 시작했습니다. 그리고 그 원인이 해저가 확장하기 때문이라고 생각하게 된 것이에요.

그런데 문제는 왜 해저가 확장하느냐로 이어졌어요. 아무런 이유 없이 해저가 확장할 리 없거든요.

결국 과학자들은 홈스의 맨틀 대류에 대한 그림을 다시 살폈죠. 맨틀이 대류하기 때문에 해저가 확장한다는 결론에 도달하게 된 것입니다.

해저 확장의 설명이 맨틀 대류로 이어지면서 대륙 이동설은 멋지게 부활합니다. 하지만 맨틀이 대류하기 때문에 해저가 확장한다는 증거는 아직 부족했습니다. 증거가 좀 더 필요했어요.

대륙 이동설이 과학계에서 추방되었다가 다시 세상의 주목을 끌게 된 이유가 뭔가요?

그건 대륙 이동의 증거가 바다 밑바닥에서 우연히 발견되면서부터였지요.

이건 대륙 이동의 증거야!

바다 밑에 대륙 이동의 증거가 있다고요?

해저에는 들판, 산, 산맥, 골짜기 등이 있죠. 그건 해저가 그저 편평하기만 한 땅이 아니라는 것이지요.

화산섬

대륙붕 대륙사면 해구 대양저 해산 해령 대륙사면 대륙붕

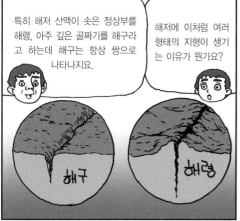

특히 해저 산맥이 솟은 정상부를 해령, 아주 깊은 골짜기를 해구라고 하는데 해구는 항상 쌍으로 나타나지요.

해저에 이처럼 여러 형태의 지형이 생기는 이유가 뭔가요?

해구

해령

과학자들은 지각 아래 맨틀에서 뜨거운 부분이 상승하고 차가운 부분이 하강한다는 맨틀 대류의 순환을 떠올렸어요.

홈스가 주장했던 맨틀 대류의 순환 말이군요.

맞아요. 맨틀이 솟아오르는 장소에 해령같이 솟아오른 지형이 생기고, 맨틀이 가라앉는 장소에 해구같이 깊은 골짜기가 생긴다고 추측한 것이죠.

아, 그렇군요.

해령

해구

이런 관찰의 결과가 대륙 이동설과 맨틀 대류설이 정당한 과학의 이론으로 다시 등장하는 기회를 제공한 것입니다.

아, 그렇게 된 것이군요.

맨틀 대류설

대륙 이동설

8

얼룩말의 줄무늬와 닮았네요

나침반의 N극이 남쪽을 가리킨다고요?
자기의 극이 때때로 바뀌었다는 것을 어떻게 알 수 있을까요?

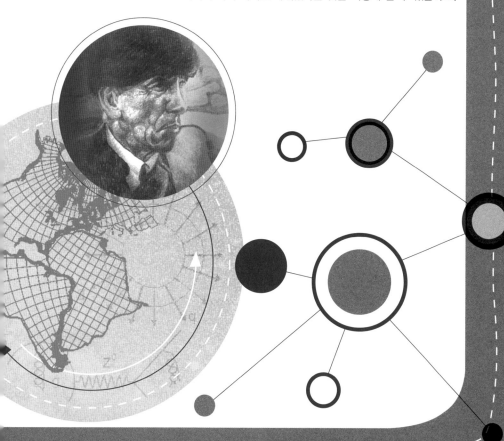

8

여덟 번째 수업

얼룩말의
줄무늬와 닮았네요

베게너는 나침반을 가지고 들어와
여덟 번째 수업을 시작했다.

지난 시간에 바닷속 지형과 물체를 살피는 데 여러 가지 장비가 사용되었다고 했습니다. 해저의 지형을 알아내는 데는 보통 음파를 사용합니다. 또한 과학자들은 물속의 잠수함을 찾기 위해 마그네토미터(magnetometer)라는 자력계를 사용하기도 했어요.

자력계는 자석의 성질, 즉 자성을 띠는 물질을 측정하는 데 사용합니다. 보통 철로 만들어진 물질은 자성을 띠죠. 만약 바닷속에 쇠로 만들어진 잠수함이 있으면 자력계는 크게 반응합니다. 이런 원리로 바닷속의 잠수함을 찾으려 했죠.

그런데 자력계의 사용은 예상치 못했던 결과를 가져다주었어요. 자력계를 통해 측정되는 물질의 자성 값들은 해저 지각의 암석에 대해서도 마찬가지였던 거지요. 해저의 암석에 자성 물질이 포함되어 있으면 이것 또한 자력계를 통해 측정할 수 있거든요.

　이 이야기를 하기 앞서 먼저 알아보아야 할 것이 있습니다.

베게너는 호주머니에서 나침반을 꺼내 학생들에게 보여 주었다.

　여기 나침반의 바늘이 있습니다. N극의 바늘은 어느 방향을 가리키죠?

　__ 북쪽이오.

　맞습니다. 나침반의 N극은 북쪽을 가리킵니다. 그런데 왜 그럴까요?

베게너의 질문에 학생들은 머뭇거렸다.

나침반의 바늘이 방향을 가리키는 까닭은 지구에 자기장이라는 것이 있기 때문입니다. 자기장이란 자석의 극을 끌어당기는 힘을 말합니다. 자석에는 N극과 S극이 있죠? 즉, 이 두 극에 작용하는 힘을 자기장이라고 하죠.

그리고 자석의 극은 서로 다른 극끼리 잡아당기고, 같은 극끼리 밀어냅니다. 나침반의 N극이 북쪽을 가리키는 이유는 지구의 북쪽에 S극의 자기장이 있어 나침반 바늘의 N극을 잡아당기기 때문입니다.

베게너는 지구 자기장을 설명하려는 듯 그림을 그리기 시작했다.

지구의 자기장은 외핵에서 발생하는 것으로 알려져 있습니다. 여러분도 알다시피 외핵에서는 금속이 액체 상태로 있죠. 이 외핵을 이루는 물질들이 움직이면 자기장이 만들어진다고 생각하는 거예요.

이 자기장을 쉽게 설명하면 지구 속에 마치 막대자석이 하

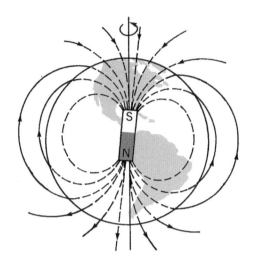

나 들어 있는 것과 같다고 할 수 있습니다. 이 막대자석의 S극은 지구 북쪽에 들어 있고, N극은 지구 남쪽에 들어 있습니다. 말하자면 지구의 북쪽과 남쪽에 지구 자기장의 두 극이 놓이게 되는 것이죠. 그리고 이 지구 자기장의 두 극을 연결하는 축은 지구의 자전축과 약 $11.5°$ 기울어져 있고요.

지구의 자전축과 자기장의 축이 기울어져 있기 때문에 진짜 북쪽인 진북과 나침반이 가리키는 북쪽인 자북 사이에는 차이가 생깁니다. 이 차이를 편각이라고 하죠. 한국의 경우 지역에 따라 조금 다르지만 자북이 진북보다 서쪽으로 $5\sim7°$ 정도 떨어져 있답니다.

위 그림을 보면 지구 자기장의 N극에서 선이 나와 S극으로 들어가는 것이 보이죠? 이 선을 자기력선이라고 하는데, 자기의 힘이 작용하는 방향을 나타냅니다.

자기력선은 N극에서 나와 S극으로 들어갑니다. 이 자기력선은 자기장의 두 극에서는 지구의 지표와 90°를 이루고 적도에서는 0°, 즉 평행합니다. 자기력선과 지구 지표가 이루는 각도를 복각이라고 하는데, 이 각도를 측정하면 지표에서의 위치를 알 수 있는 것입니다.

그런데 이해하기 어려운 문제가 하나 있어요. 여러분이 대답했듯이 지금 나침반의 N극은 북쪽을 가리킵니다. 하지만 오래전 나침반의 N극이 남쪽을 가리키던 때가 있었습니다. 그것도 여러 차례 있었어요.

나침반의 N극이 남쪽을 가리킨다는 것을 처음 들어본 학생들이 잠시 술렁거렸다.

당연히 이상하게 들리겠죠? 하지만 사실이에요. 지구 자기장의 극이 바뀌는 것입니다. 나침반의 N극이 남쪽을 가리키기 위해서는 지구 남쪽에 지금과는 반대인 S극이 들어 있어야겠죠. 이렇게 자기장의 극이 바뀌는 현상을 자기 역전이라고 해요. 20세기 초에 프랑스의 지질학자들이 처음 발견한

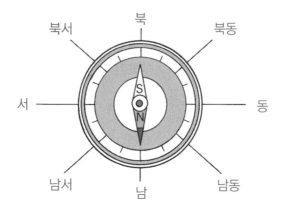

현상이죠.

지구 자기의 극이 왜 바뀌는지는 아직 이유를 모르지만 분명한 사실이에요.

__ 자기의 극이 때때로 바뀌었다는 것을 어떻게 알 수 있나요?

좋은 질문이에요. 자기 역전을 알게 해 준 것은 고맙게도 자성 물질을 가지는 암석들이었답니다. 이 광물들은 만들어질 당시의 지구 자기장에 대한 정보를 몸속에 간직한 화석과 같은 존재입니다.

예를 들어 볼까요? 지구 내부에서 지표로 올라와 화산으로 분출하는 뜨거운 마그마를 생각해 보세요. 이 마그마가 식어서 암석으로 굳어질 때 자성을 띠는 광물도 만들어지거든요.

이런 자성 광물은 식으면서 당시 지구 자기장의 정보를 간직합니다. 즉 어느 쪽이 지구 자기장의 N극인지, 자기 편각과 복각이 몇 도인지를 말이에요.

따라서 암석이 간직한 자기장의 정보로부터 그 암석이 만들어졌을 때 자기장의 방향이 지금과 같았는지 달랐는지를 알 수 있어요. 또 하나, 그 암석이 지구의 어느 위치에서 만들어졌는지도 알 수 있고요. 이 정보는 지구를 이해하는 데 매우 중요한 내용입니다.

__그렇다 해도 지구의 자기 역전이 언제 있었는지 어떻게 알 수 있나요?

맞아요. 지금은 여러 가지 방법으로 자기 역전의 시기를 알 수 있으나, 예전에는 힘들었죠. 하지만 방사성 원소를 이용해서 암석의 나이를 측정하는 방법이 막 개발되던 터라 암석이 가진 자기장의 정보와 암석의 나이를 묶으면 자기 역전의 시기를 결정할 수 있었어요.

베게너는 산 모양의 그림을 그리고 거기에 화살표와 시간을 그려 넣었다.

다음 그림은 한 장소에서 여러 차례 마그마가 분출하여 만

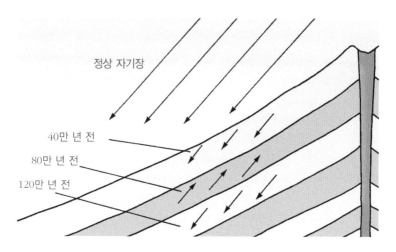

정상 자기장

40만 년 전

80만 년 전

120만 년 전

들어진 화산을 나타냅니다. 화산을 이루는 여러 층들을 방사성 원소를 사용하여 나이를 측정해 보면 40만 년, 80만 년, 120만 년 등으로 서로 달라요. 그런데 화살표를 보세요. 각층에서 관찰된 지구 자기장의 방향이 서로 다르죠? 어떤 층은 현재와 같은 방향을 나타내지만, 어떤 층은 반대 방향을 나타냅니다.

과학자들은 이렇게 여러 곳을 연구해서 과거 지구에 있었던 지구 자기장이 역전된 시간표를 다음과 같이 만들 수 있었답니다.

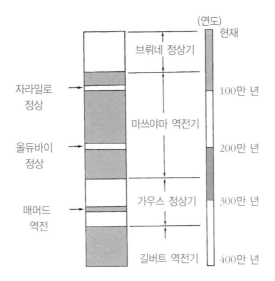

（연도）
현재
브뤼네 정상기
자라밀로
정상
100만 년
마쓰야마 역전기
올두바이
정상
200만 년
300만 년
가우스 정상기
매머드
역전
400만 년
길버트 역전기

　이 그림은 약 400만 년 전부터 지금에 이르기까지 지구 자기의 변화를 나타낸 것입니다. 현재와 같이 나침반의 N극 바늘이 북쪽을 가리키는 지구 자기장의 시기를 정상기라고 하고, 그 반대가 되면 역전기라고 해요.

　그림에서 알 수 있듯이 과거 400만 년 동안 지구에는 4차례의 큰 지구 자기장의 극 변화가 있었어요. 시간순으로 보면 길버트 역전기, 가우스 정상기, 마쓰야마 역전기, 브뤼네 정상기가 되죠. 그러니까 현재 우리는 정상기의 지구 자기장 속에서 살고 있는 것이죠.

　하지만 커다란 변화 속에서도 작은 변화들이 여러 차례 있

어 왔어요. 다시 말해 큰 정상기 동안에도 여러 번의 작은 역
전기가 있었고, 큰 역전기 동안에도 여러 번의 작은 정상기
가 있었답니다. 그림에는 대표적인 작은 변화 몇 개만 나타
낸 것이고요.

학생들은 지구 자기장에 대한 모든 내용을 금방 이해할 수는 없었
지만, 지구 자기장에 변화가 생긴다는 것과 암석 속에 그 변화의 정
보가 들어 있다는 사실은 어느 정도 깨달을 수 있었다.

너무 멀리 왔네요. 이제 다시 오늘 수업의 처음 이야기로
되돌아가야만 합니다.

바닷속의 잠수함을 잡으려던 것이 해저 지각의 자기적인
정보를 획득하게 된 기회가 되었습니다. 자력계에 측정된 해
저 지각의 정보는 한마디로 놀라운 것이었어요.

과학자들은 해저 지각에서 자기 역전이 발견된다고 해도
아주 불규칙할 것이라고 예상했었지요. 그런데 전혀 딴판이
었어요. 굉장히 규칙적인 변화가 관찰된 것입니다.

다음 그림은 미국의 북태평양 해안에서 자력계 측정으로
얻은 해저 지각의 자기장 세기의 분포를 나타냅니다. 이상한
줄무늬죠? 마치 얼룩말의 줄무늬를 닮았어요.

색이 칠해진 부분은 자기장의 세기가 강하게 나타난 곳이고, 그 사이의 흰 부분은 세기가 약하게 나타난 곳이에요. 자기장의 세기가 강한 곳은 해저 지각 암석의 자기장 방향이 정상으로 현재 지구 자기장의 방향과 같은 곳이고, 세기가 약

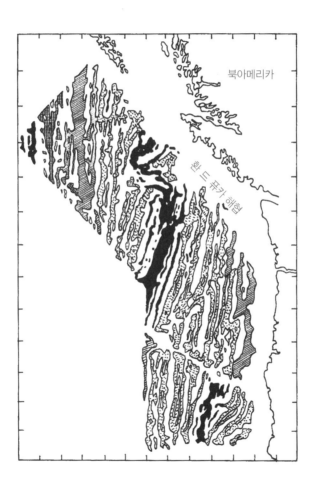

북아메리카

후안 드 푸카 해령

한 곳은 암석의 자기장 방향이 역전되어 있어서 현재 지구 자기장의 방향과 다른 곳입니다.

이 이상한 줄무늬가 뜻하는 바는 해저 지각에 자기장의 정상과 역전이 띠 모양으로 규칙적이라는 것입니다. 정상-역전-정상-역전으로 계속 이어지는 규칙이 발견된 것이지요.

여기서 주목할 점은 이 줄무늬의 한가운데에 해저 지각이 생성되는 해령이 위치한다는 것입니다. 하여간 이 줄무늬는 여러 과학자들에게 커다란 숙제였습니다.

과학자들이 이 숙제를 어떻게 풀었는지는 다음 수업 시간에 이야기하겠습니다.

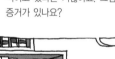

선생님, 대륙이 이동해서 지금과 같은 모습이 되었다면 지금도 계속 움직이고 있다는 거잖아요. 그럼 무슨 증거가 있나요?

네, 물론 움직이고 있지요. 음, 증거라면 무척 많지만 과거 잠수함을 찾으려다 그 증거를 발견한 일도 있었어요.

잠수함이요? 그거랑 무슨 관계가 있었나요? 이상하네요.

원래는 바닷속의 잠수함을 찾으려다, 자력계 측정으로 얻은 해저 지각의 자기장 세기의 분포가 마치 얼룩말의 줄무늬처럼 규칙적인 것을 보고 과학자들은 놀랐죠.

얼룩말의 줄무늬요?

네. 해저 지각 암석의 자기장 방향이 정상과 역전의 띠 모양으로 마치 얼룩말의 줄무늬처럼 규칙적으로 반복되고, 또 해령을 중심으로 대칭을 이루고 있었죠.

그건 정말 신기하네요. 왜 그런 일이 벌어졌을까요?

해령에서는 마그마가 분출해 해저 지각을 만들고, 또 만들어진 지각은 이동해 점점 해령에서 멀어지게 되죠. 그런데 지각이 만들어질 때 암석은 당시 지구 자기장의 정보를 간직하게 됩니다.

이런 식으로 만들어진 지각이 계속 이동하면서 해령을 중심으로 자기장의 정상과 역전이 끊임없이 반복되어 나타나는 것이죠. 마치 양 옆으로 동일하게 움직여 나가는 컨베이어 벨트처럼 말입니다.

아, 그러니까 해저 지각이 계속 움직이고 있다는 증거가 되는 것이군요.

그렇죠.

땅의 컨베이어 벨트

지구의 내부에 자석이 있다고요?
지구 자기장과 관련해서 대륙 이동에 대해 알아봅시다.

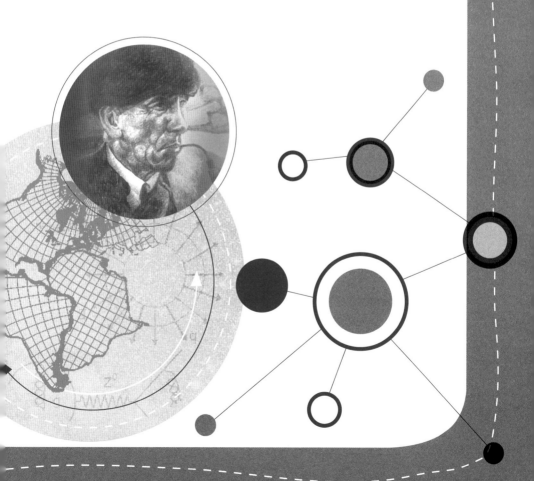

9

마지막 수업

땅의 컨베이어 벨트

베게너는 지난 시간에 이어
해저 지각에 나타난 줄무늬를
이야기하며 마지막 수업을 시작했다.

얼룩말 줄무늬의 수수께끼를 어떻게 풀었는지 알아봅시다.

해저 지각에서 나타난 줄무늬는 지구 자기장 세기의 분포, 즉 자기장의 정상과 역전이 반복되는 형태를 나타낸다고 했습니다.

다음 그림은 북대서양의 해저 지각에서 나타난 지구 자기장의 줄무늬 모양입니다. 지난 수업에서 본 그림과 닮았죠? 여기서도 줄무늬 모양의 한가운데가 해령입니다. 그리고 해령의 좌우로 자기장의 정상 – 역전 – 정상 – 역전이 반복되어 나타납니다.

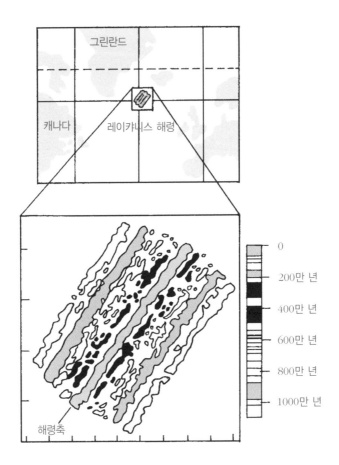

이 북대서양의 줄무늬 모양은 해령을 중심축으로 완전한
대칭을 이루고 있습니다. 종이 한쪽에 물감을 묻히고 절반으
로 접었다 펴면 양쪽에 대칭의 그림이 그려지는 데칼코마니
처럼 해저 지각의 자기장 분포에서 나타나는 것입니다.

해저 지각의 자기장 분포를 조사하던 과학자들은 도무지

이 문제를 풀 길이 없었습니다. 특히 케임브리지 대학교의 매튜스(Drummond Matthews, 1931~1997) 교수와 그의 학생 바인(Frederick Vine, 1939~)은 이 문제를 가지고 밤낮으로 씨름했습니다.

1962년 해저 확장설을 주장한 헤스가 케임브리지 대학교를 방문했습니다. 이날 바인은 해저 지각이 해령에서 만들어지고 양옆으로 갈라져 간다는 헤스의 이론을 자세히 접하게 됩니다. 이러한 해저 확장설은 젊은 바인을 자극했습니다. 이제 바인은 문제 해결의 열쇠를 손에 쥐게 됩니다.

아이디어는 아주 단순했습니다. 하지만 아주 기발했죠.

먼저 해저 지각이 형성되는 모습을 그려 봅니다. 맨틀 대류가 상승하는 곳에서 해령이 생기고, 해령에서는 마그마가 분

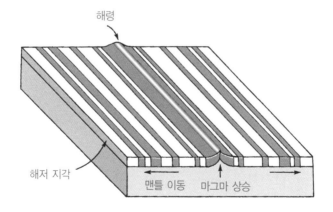

출하여 새로운 해저 지각이 만들어집니다. 마그마는 해저에 분출하여 식으면서 현무암의 암석을 만듭니다. 앞에서 설명한 대로 마그마로부터 암석이 만들어질 때 이 암석은 당시 지구 자기장의 정보를 간직하게 됩니다. 만약 지구 자기장이 정상이라면 정상의 정보를 간직하는 것이죠.

그런데 해령에서 만들어진 현무암의 해저 지각은 그 자리에 머물러 있지 않습니다. 맨틀이 양옆으로 이동함에 따라 해저 지각도 갈라져 옆으로 이동하게 되죠.

이번에는 해령에 마그마가 분출하여 현무암의 암석이 만들어질 때 지구 자기장의 방향이 역전되었다고 해 보죠. 그러면 이 해저 지각의 암석은 역전의 정보를 간직한 채 또 옆으로 이동하게 되겠죠.

이런 식으로 계속 반복하면 해령을 중심으로 자기장의 정상과 역전이 끊임없이 반복되어 나타나게 됩니다. 마치 양옆으로 동일하게 움직여 나가는 컨베이어 벨트처럼 말입니다.

해저 지각이 확장되는 모습은 오른쪽 그림처럼 컨베이어 벨트와 같다고 할 수 있습니다. 해령에서 만들어진 지각이 양옆으로 확장되어 나갑니다. 그리고 그 지각은 만들어질 당시 지구 자기장의 정보를 고스란히 간직한 채 이동합니다.

베게너는 해저 지각의 줄무늬가 기계적으로 퍼져 나가는 그림을 그렸다.

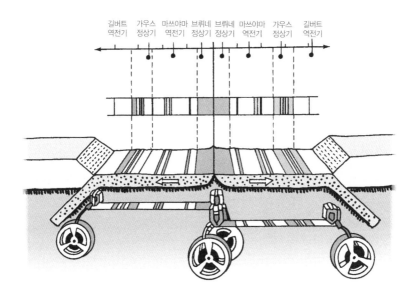

지난 수업에서 지구 자기장의 정상기와 역전기에 대해 배웠습니다. 해령에서 이동해 가는 해저 지각에는 해령에서 멀어질수록 브뤼네 정상기, 마쓰야마 역전기, 가우스 정상기, 길버트 역전기 등의 자기장 정보가 포함되어 있는 것이에요.

해저 지각의 자기장 정보와 해저 확장설이 결합되면서 문제의 수수께끼는 쉽게 풀려 버렸습니다. 결론은 해저가 확장한다는 것이었습니다.

지구 자기장의 정보로부터 알 수 있는 해저 확장은 해령을 중심으로 해저 지각이 양옆으로 이동해 간다는 것입니다. 그런데 이동하는 해저 지각의 나이는 위치에 따라 달라집니다.

해저 지각이 어디에서 만들어진다고 했죠?

— 해령이오.

맞아요. 해령에서 만들어진 해저 지각이 양옆으로 이동하고, 해령에서는 새로운 해저 지각이 만들어지는 과정이 반복되지요. 그리고 보면 지금 해령에 있는 지각의 나이가 가장 젊고 해령에서 멀어질수록 나이가 많다는 사실도 알 수 있죠.

베게너는 바다에 여러 무늬가 그려진 세계 지도를 펼쳤다.

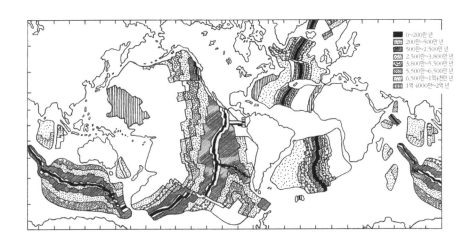

옆의 지도에는 해저 지각의 나이가 서로 다른 무늬로 그려져 있습니다. 자기장의 줄무늬가 해령을 축으로 대칭을 이루듯 무늬들이 대칭을 이루고 있죠. 가장 검게 칠해진 무늬는 대칭의 축이 되는 해령들입니다. 그런데 무늬가 나타내는 것은 자기장의 정상과 역전이 아니라 지각의 나이입니다. 즉, 해저 지각의 나이도 해령을 축으로 대칭이라는 것입니다.

해령에서 해저 지각이 만들어지고 양옆으로 이동해 가니까 먼저 만들어진 해저 지각은 해령에서 가장 멀리 이동했고, 가장 젊은 해저 지각은 해령 근처에 있을 테죠. 그래서 지각의 나이도 대칭을 이루는 것이에요.

해저가 해령을 중심으로 양쪽으로 퍼져 나가는 컨베이어 벨트를 타고 이동했다는 사실에 학생들은 무척 감동한 표정이었다.

재미있게 그림에서 약 2억 년보다 오래된 해저 지각은 지구상에 거의 존재하지 않는다는 것입니다. 왜 그럴까요?

해령에서 만들어진 해저 지각이 옆으로 이동하다가 도착하는 마지막 장소는 지구에서 가장 깊은 골짜기인 해구입니다. 해저 지각은 해구에서 맨틀 아래로 끌려 내려갑니다. 해구에서는 맨틀 흐름이 아래로 내려가기 때문이죠.

해저의 지각은 맨틀 대류가 상승하는 해령에서 탄생하고 대류의 수평 운동으로 움직이는 컨베이어 벨트를 타고 이동하다가 해구에서 맨틀로 되돌아가게 됩니다. 이렇게 맨틀 대류의 순환이 완성됩니다.

이제 대륙 이동 이야기의 거의 마지막에 왔어요. 지난 수업에서 지구 자기장을 설명하면서 암석이 가지는 화석 같은 정보가 여러 가지 있다고 했죠?

학생들은 암석이 가지는 지구 자기장의 정보에는 지구 자기장의 극위치, 편각, 복각 등이 있다고 대답했다.

맞아요. 암석이 가지고 있는 정보들을 살펴보면 그 암석이 지구의 어느 위치에서 만들어졌으며, 또 그때 자기장의 극이 어디에 있었는지도 알게 됩니다. 이 정보들은 아주 유용하게 사용되었답니다.

베게너는 지구의 북반구에 이상한 선이 그려진 그림을 보여 줬다.

지구 자기장의 N극과 S극이 때때로 바뀌었고, 또 자극의 위치 역시 시간에 따라 바뀌어 왔습니다. 지금도 자극의 위

치는 조금씩 바뀌고 있고요.

과학자들은 먼저 유럽에서 서로 다른 시기에 만들어진 암석들을 가지고 자기장 정보를 해석했습니다. 그리고 자극의 위치가 시기에 따라 달라졌다는 것을 밝혀냈어요. 과학자들은 시간에 따라 자극의 위치가 변한 선을 겉보기 극이동 곡선이라고 부른답니다.

그다음에 북아메리카에 있는 암석에 대해서도 같은 연구를 했지요. 북아메리카의 암석에서도 역시 자극의 위치가 시기에 따라 달라졌다는 것을 알아냈어요. 그런데 문제가 생겼습니다. 위의 그림을 보세요. 현재의 세계 지도가 있고 거기에 두 개의 선이 있죠. 하나는 유럽에서 시기가 다른 암석의 겉보기 극이동 곡선이고, 다른 하나는 북아메리카의 암석의겉보기 극이동 곡선입니다. 두 곡선이 서로 떨어져 있는 것을 알 수 있습니다.

이것은 과거에 유럽과 북아메리카에서 자극의 위치가 달랐다는 것을 말해 줍니다. 다시 말해 유럽과 북아메리카는 각각 다른 자극을 가졌다는 이야기가 됩니다. 그러면 지구의 북쪽에 자극이 2개가 있었다는 이야기가 되는데 이것은 우리의 상식과 전혀 맞지 않습니다.

── 이상해요. 지구 내부에 막대자석이 들어 있다고 하면 자석의 극은 북쪽에 하나만 있어야 하잖아요.

맞아요. 지구의 자극은 북쪽에 하나, 남쪽에 하나씩 있습니다. 북쪽에 2개의 극이 있을 리 없습니다. 그런데도 연구 결과는 유럽과 북아메리카가 북쪽에 서로 다른 자극을 가진다는 것이었죠.

조금 전에 본 그림은 현재의 대륙 분포를 나타낸 것입니다. 우리는 앞에서 현재의 세계 지도가 풀 수 없는 과학적 증거들이 너무 많다는 것을 배웠습니다.

과거에 유럽을 포함하는 유라시아 대륙과 북아메리카 대륙이 모였던 판게아 시절을 생각해 봅시다. 두 대륙을 한군데로 모으기 위해서는 유럽과 북아메리카의 어느 한쪽을 약

30° 정도 회전시키면 됩니다. 이렇게 회전시킨 모습이 다음 그림에 나타나 있습니다. 어때요? 2개의 겉보기 극 이동 곡선이 거의 일치하고 있죠. 특히 모든 대륙들이 판게아로 모였던 약 3억 년에서 2억 년 사이 극의 위치는 너무나 잘 일치하고 있습니다.

이 사실은 무엇을 의미할까요? 그것은 바로 대륙들이 이동했다는 뜻입니다. 판게아로 모였던 대륙들이 지금은 떨어져 있다는 것이죠. 여러 정보와 더불어 지구 자기장으로부터 얻을 수 있는 또 하나의 정보 역시 분명하게 말하고 있습니다.

대륙은 이동했다는 것입니다.

대륙 이동설을 주장한 독일의 기상학자 겸 지구 물리학자인 베게너는 베를린에서 태어났습니다. '쾨펜의 기후 구분'으로 알려진 쾨펜의 사위로도 유명한 베게너는 본래 기상학 전문가였습니다.

그는 1910년에 남아메리카 대륙의 동해안선과 아프리카 대륙의 서해안선이 매우 비슷한 것을 깨달았습니다. 이것이 대륙 이동에 대한 아이디어의 시초입니다.

베게너는 1912년에 출간한 저서 《대륙의 기원》에서 지질, 고생물, 고기후 등의 자료를 통해 태고의 시대에는 대서양의 양쪽 대륙이 따로따로 반대 방향으로 표류했다는 '대륙 이동설'을 주장하였습니다. 기상학의 전문가로서 지질학은 그의 전문분야가 아닌 탓에 주위의 반대를 겪었으나 뜻을 굽히지 않았습니다.

1915년에는 저서 《대륙과 해양의 기원》을 통해 일찍이 '판게아'라는 거대한 초대륙이 존재하였다가 약 2억 년 전에 분열·표류하여 현재의 위치 및 형상에 이르렀다는 학설을 발표하였습니다. 당시 많은 지질학자가 그의 이론에 과학적 근거가 희박하다면서 비웃었습니다.

베게너는 기상학 대기 열역학 분야에서 큰 업적을 올렸으나, 끝내 대륙 이동설을 증명하지 못한 채 그린란드를 탐험 중 1930년 11월에 조난을 당해 사망하였습니다.

베게너의 사후 1950년대에 고지구 자기, 해양저 등의 연구에 따라 대륙 이동설은 재평가받았습니다. 실제로 맨틀의 대류가 대륙 이동을 가능하게 하였다는 것이 증명되었습니다. 그리하여 현재 그는 기상학보다 지질학 분야 판 이론의 선구자로 유명해졌습니다.

언제, 무슨 일이?

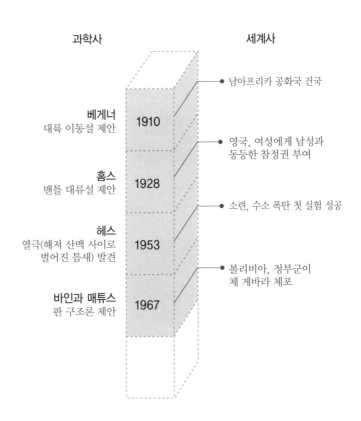

과학사

세계사

● 남아프리카 공화국 건국

베게너
대륙 이동설 제안

1910

● 영국, 여성에게 남성과
동등한 참정권 부여

홈스
맨틀 대류설 제안

1928

● 소련, 수소 폭탄 첫 실험 성공

헤스
열극(해저 산맥 사이로
벌어진 틈새) 발견

1953

● 볼리비아, 정부군이
체 게바라 체포

바인과 매튜스
판 구조론 제안

1967

1. 지금으로부터 약 3억 년 전에 대륙은 모두 모여 하나의 ☐☐☐ 를 이루고 있었습니다.

2. 약 3억 년 전에 살았던 ☐☐☐☐☐☐ 는 아프리카 대륙의 동쪽과 남아메리카 대륙의 서쪽에서 같은 시기의 화석으로 발견되었습니다.

3. 가벼운 지각은 무거운 맨틀 위에 떠 있습니다. 또한 지각의 두께가 두꺼울수록 지표 위에 솟구치는 높이와 맨틀에 잠기는 깊이가 증가합니다. 이를 과학자들은 아이소스타시 또는 ☐☐ ☐☐☐ 이라고 합니다.

4. 방사능 가열은 ☐☐ 의 상승과 하강이라는 거대한 세포를 만듭니다.

5. 맨틀 대류설을 주장한 영국의 지질학자는 ☐☐ 입니다.

거대한 자연의 힘,
지진 해일

　지진 해일이 발생하는 원인은 화산 폭발 또는 지진과 마
찬가지로 지각 변동에 의한 것입니다. 현대 지질학의 정설
인 '판 구조론'에 따르면, 지각을 포함하는 지구의 표층은
크고 작은 10여 개의 판으로 나뉘어 있는데, 이들은 각각 조
금씩 움직이면서 서로 밀거나 포개지고 때로는 충돌하면서
화산, 지진 등을 포함한 지각 변동을 일으킵니다.

　이는 대륙 이동설을 처음으로 주장한 독일의 지질학자 베
게너의 주장에서 기원한 것인데, 그가 생전에 끝내 밝히지
못했던 대륙이 이동하는 원인, 곧 판을 움직이는 힘은 그 아
래를 이루는 맨틀의 대류에 기인한 것입니다.

　일본 열도, 캘리포니아 등 미국의 태평양 연안, 남아메리
카의 안데스 산맥 등 세계적으로 지진과 화산이 빈발한 곳은
대부분 판과 판 사이의 경계를 이루는 지역입니다.

그러나 해저 지진 자체만으로는 이와 같은 큰 참사가 발생하지 않습니다. 해저 지층이 요동하면서 엄청난 바닷물이 밀려나가는 해일이 뒤따르기 때문입니다. 그러나 해저에서 지진이 일어난다고 해서 무조건 다 큰 피해를 주는 지진 해일로 이어지는 것은 아닙니다. 수평 방향으로 변하는 지진은 상대적으로 지진 해일의 위험성이 적지만, 지진 발생 자체만으로 지진 해일 발생 여부나 피해 정도를 정확히 예상하기는 쉽지 않습니다.

　지진 해일은 흔히 쓰나미라고도 불립니다. 그 실체는 풍랑이나 너울과 마찬가지로 해파, 즉 바닷물이 일으키는 파동의 일종이며, 속도는 수심의 제곱근에 비례합니다. 따라서 깊은 바다의 경우 보통 초속 수백 m 이상의 매우 빠른 속도로 육지 쪽으로 전파됩니다.

　한국 역시 지진의 안전 지대는 아닙니다. 특히 동해의 해저 지형 특성에 의해 경상북도 울진 지역 근처로 지진 해일의 에너지가 집중될 가능성이 큽니다. 전문가들은 원자력 발전소 시설이 설치된 이 지역에 대해 근본적인 대책을 세워야 한다고 지적해 왔습니다.